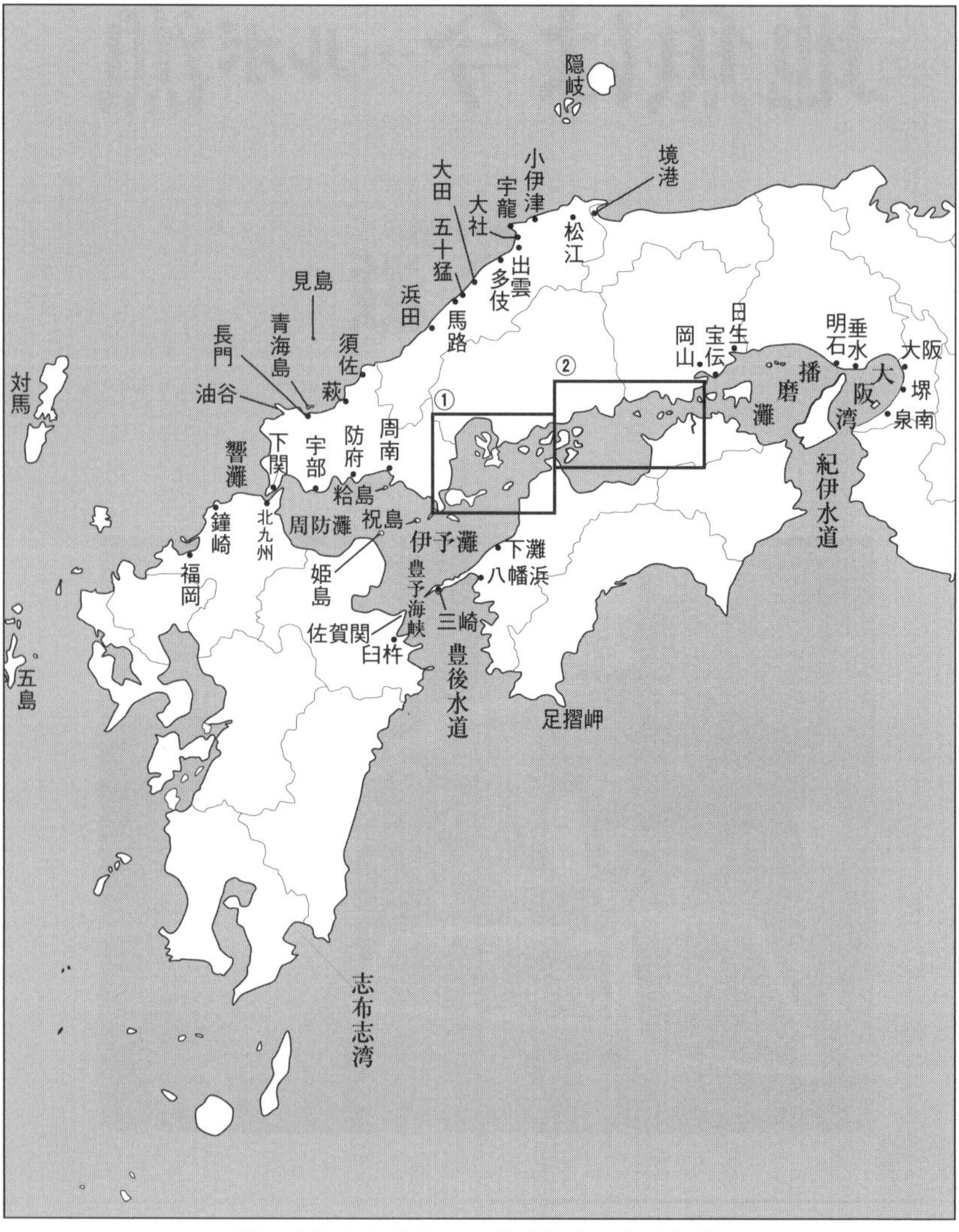

瀬戸内海を中心とした海域と主な都市と港

右頁①拡大図

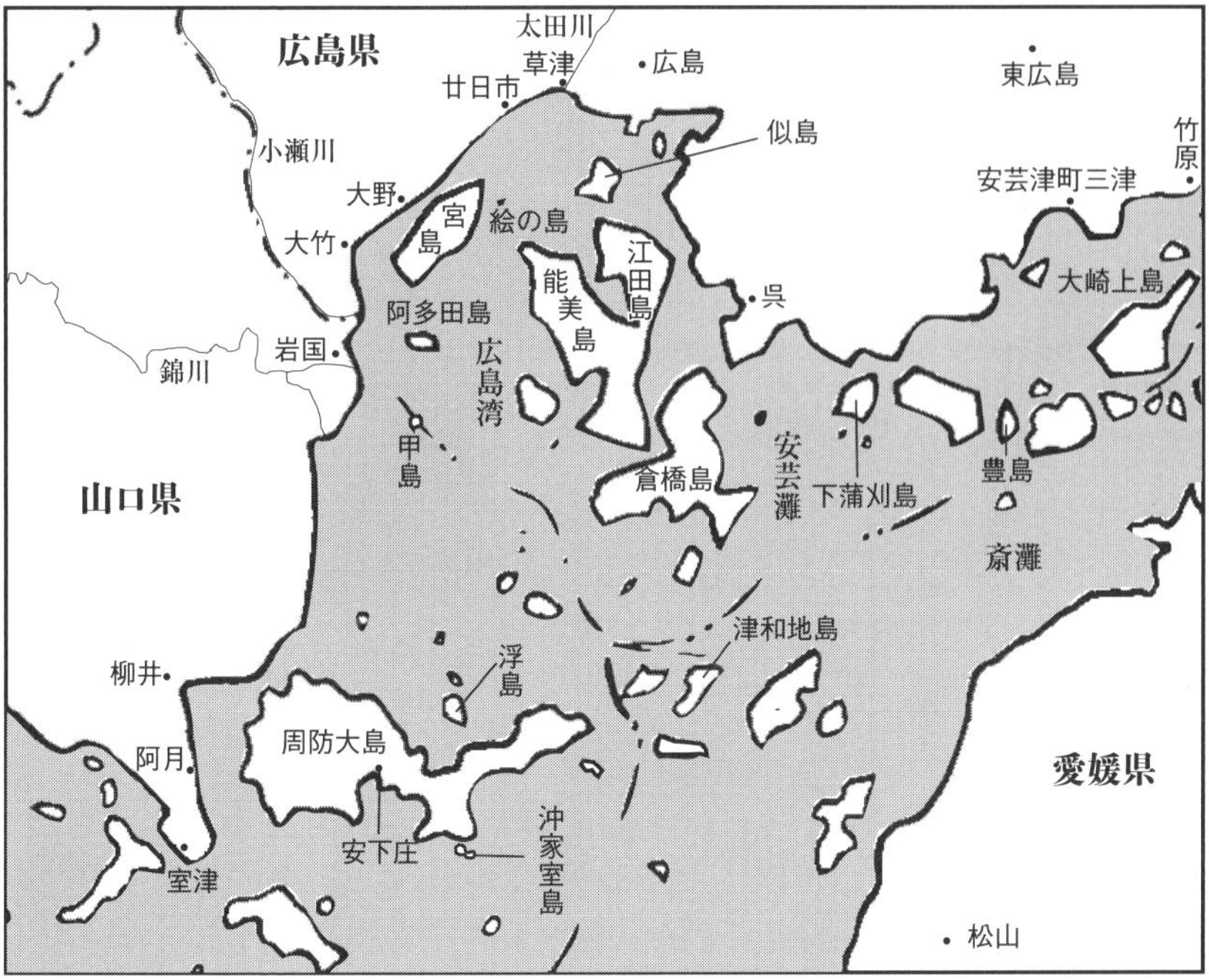

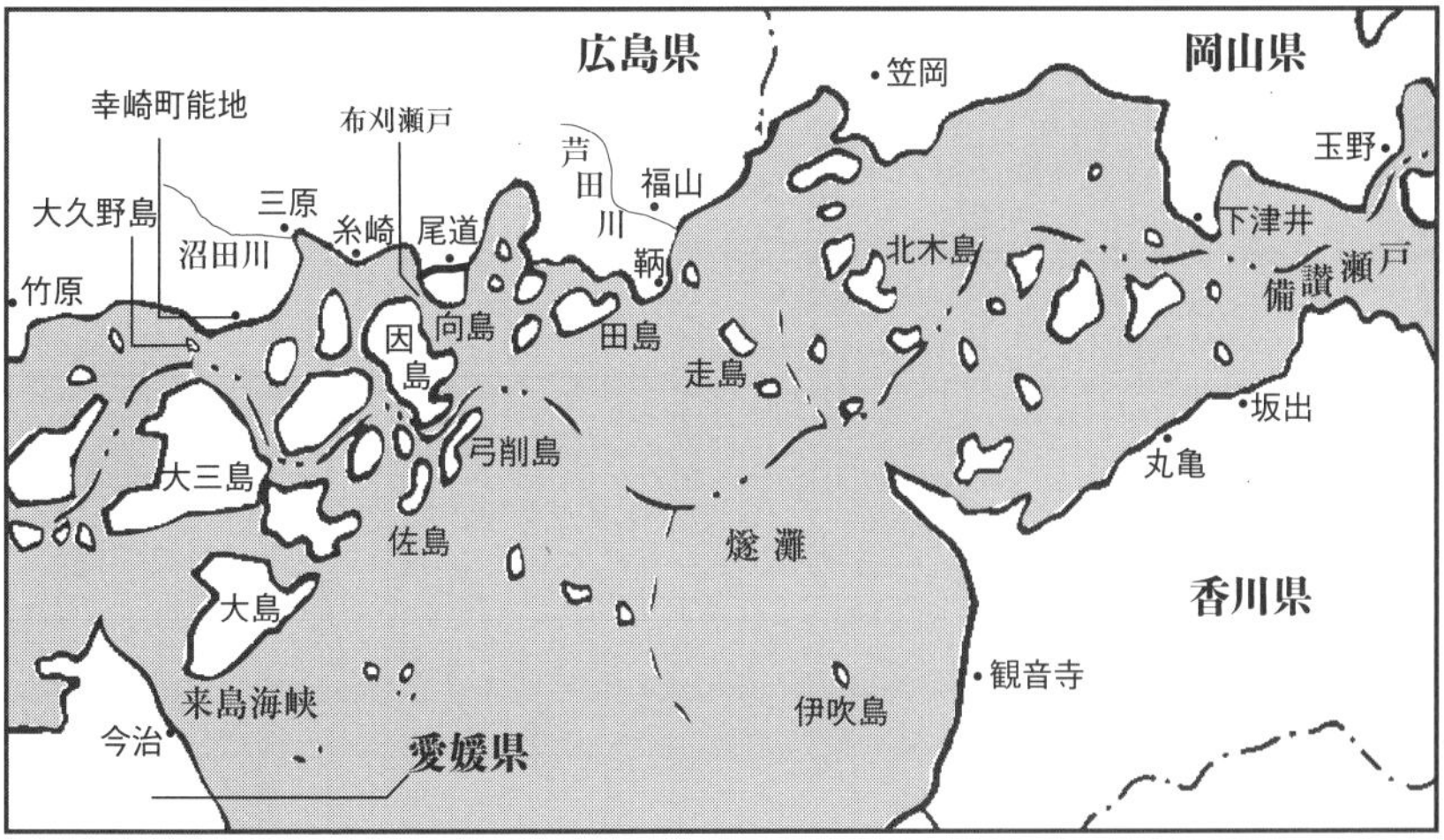

右頁②拡大図

◉目次

第3章　変わる環境 …… 157

はじめに

「地魚《じざかな》」という言葉には独特な響きがある。鮮度の良さ、その地方ならではのおいしい食べ方、さらには地先の海の情景まで連想させる。下世話な表現ではあるが「食い意地」が妙にそそられる呼び名である。

本書は、地魚を取る漁のルポである。瀬戸内海と山陰沖日本海で二年余り、漁船に乗り込むなどして記録してきた中国新聞（本社・広島市）の連載を再構成した。二二種類の地魚（海藻を含む）の現状を「豊かさと多様性」、「忍び寄る危機」、「変わる環境」、「伝統漁と漁師たち」のくくりに分けて紹介し、「地魚の未来に向けて」を加えた。

自身の話で恐縮だが、転勤が多い新聞記者生活が四〇年以上になる。広島、山口、島根県内の五カ所の支社局に赴任したが、なぜかいつも海沿いの町だった。それぞれの町で地魚との出会いがあった。

山口県周南市の路地裏の魚屋店主が引いてくれる旬のマダイの刺し身は虹色をたたえ、燗《かん》酒と共につまめば至福のひとときである。広島県尾道市の漁師の居酒屋で出たアイナメの皮を軽く焼いたあぶり刺しは脂の乗り具合とほのかな甘みがほどよく溶け合う。繊細で上品なこれぞ瀬戸内の味だった。島根県の海岸で摘まれたばかりの岩ノリをみそ汁に入れるとサッと青みを増す。ふくんだ口の中に香ばしさが広がり、冬の日本海が目に浮かぶ。

いつかは地魚の話を書いてみようと思っていた。旬の魚を順次紹介するつもりで取材を始めると、いろんな疑問が次から次に湧いてきた。この魚はいつ、どのように取られたのか。鮮魚売り場に並ぶ地魚は種類も量も減ってきているが、なぜそうなるのか。私たちに地魚を提供してくれる沿岸漁業はどうすれば持続できるのか。

海の中のことは分からないことだらけのようである。実際の漁を取材して、魚種ごとに地魚の現状を探ってみようと思い直した。この先も地魚が食べ続けられるような海であってほしいとの願望も動機の一つである。

本書は二〇一九年三月—二〇二一年五月の中国新聞朝刊連載「漁」と中国新聞デジタル「漁余話」七回分を収めている。文中の年齢、肩書などは掲載時のままとした。

第1章

豊かさと多様性

潮汐の力で栄養分が常にかき混ぜられる瀬戸内海、対馬暖流に洗われる山陰沖日本海は元々、とても豊かな海である。多種多様な魚を漁師たちは様々なやり方で取り、新鮮な地魚を私たちの食卓に届けてくれる。

湧く魚影

カタクチイワシ

初水揚げ　数時間で店頭へ

広島で小イワシと呼ばれるカタクチイワシ漁の二〇一九年の解禁日は六月一〇日だった。広島市中央卸売市場（西区草津港）の水産棟が一年で最も華やぐ日である。夜明け前から水産卸二社（広島魚市場、広島水産）がそれぞれの栈橋に大量のトロ箱を積み、初水揚げを待ち構える。

広島県大竹市の阿多田島から同県廿日市市の宮島南方海域に出漁した二統の船団が午前四時、同時に網を入れた。二隻で引く網の形がももひきに似ていることからパッチ網と呼ばれるようになった網である。

夜が明けた。市場関係者は海の方にしきりに目をやりながら落ち着かぬ様子である。四時五〇分、最初の鮮魚運搬船が白波を蹴立てて草津港に入ってきた。広島魚市場の栈橋に着け、そこからは人海戦術である。バケツですくってはトロ箱へ移されたカタクチイワシは体長一〇センチ程度。片口の名の由来でもある突き出た上顎を海中で開け、動物プランクトンのカイアシ類などをすくって食べる。

鮮度が命とあって一〇分後の五時には恒例の一発競り。水産棟に運ばれた発泡スチロール製のトロ箱の山を囲み、八キロ入り一ケースにつき「四千円」の声が響いた。報道陣も見守る中でのご祝儀相場である。二〇分ほど後れを取った広島水産の競り値は三千円、その後の到着分は相対取引で二五〇〇円、二千円と次第に下がった。

広島湾で取れた「小イワシ」の初水揚げ

この日、市場に持ち込まれたカタクチイワシは二統合わせて一一・五トン。仲卸や量販店バイヤーを通じて水揚げから数時間以内に一〇〇グラムが一〇〇円程度で店頭に並んだ。「七回洗えばタイの味」と言われるように、よく水洗いしてうろこや臭みを洗い流した刺し身にはショウガ醤油がよく合う。その日に取れたばかりの小イワシは街のすぐ地先に漁場がある広島ならではのぜいたくな初夏の味覚である。

近年は刺し身にしたパック売りがスーパーの人気商品である。刺し身にして急速冷凍に掛け、首都圏の広島料理の店などに送る水産業者もいる。東京でつまむ小イワシは古里の海の幸だろう。

古くは広島の漁村の女性たちが「なんまんえー（生餌）」と市中を売り歩いた。広島藩主の浅野家付きの鷹匠たちがタカの生き餌である小イワシを賞味したことから明治以降に広がった呼び名という。市内のあちこちで見られた行商は平成の後半に途絶えた。

広島湾のカタクチイワシ漁の大半は実はいりこ用で、生売り用は一部である。四、五月の産期に漁を控えて資源を保護し、脂の抜けたいりこ向きの魚を六月から取るサイクルである。

二〇一九年の解禁日から一週間たった六月一七日、カタクチイワシ漁に同行した。午前二時二〇分、魚群探索船は大竹市小方港から夜の海に滑り出した。同市阿多田島にある二統の船団の一つ大井水産の大井篤社長（五二）が操舵《そうだ》室に陣取る。

船は宮島の南から阿多田島にかけての海上をジグザグに進む。周辺の魚影を見るソナーや直下を映す魚群探知機に目をこらす大井さんは「うちの船だけで四隻出とる」。無線で連絡を取り合いながら海域をくまなく探し、魚探の画面を真っ赤に染める群れを見つけた。

東の空が白み始める四時すぎ、網船二隻がパッチ網を入れた。網の両端を左右に広げながら引き、中央部の袋に魚を集める。二〇分余り引いた後、ローラーで網を巻き上げ始めた。接舷した網船二隻の船尾から最後は人力で袋網を引き揚げた。銀色の固まりとなったカタクチイワシがぴちぴちはねる。

船上を動き回る男たちの中に若手が目立つ。同社の社員一二人のうち一〇代が二人、二〇代が

パッチ網に入った大量のカタクチイワシ

一人。広島市西区出身で最年少の林竜之介さん（一七）は高校に進学するかどうか迷った末、前から憧れていた漁師の道に。「一年目はきつかったが、魚の取れ具合や値段の動きなど面白さも分かってきた」と選択に悔いはないという。

獲物で満杯になった運搬船は広島市中央卸売市場（西区草津港）へダッシュする。しかし、一隻で運びきれないほどの大漁だ。大井さんの船も運搬船に早変わりし、急きょ草津港へ向かうことになった。爽快さと少しばかり怖さを感じるほどの全速力で船首を浮かせ、夜明けの海を突き切った。

桟橋では水産卸会社の社員たちが待ち受けていた。最初はバケツでカタクチイワシをトロ箱に移していたが、途中から冷凍用のコンテナに代わった。一網で取れたトロ箱七〇〇ケース分、五トン余りは、全てその日の生売り用に回すには多すぎたようだ。

漁場に引き返すと、二回目の網の漁獲は阿多田島のいりこ加工場にすでに運ばれ、三回目の網入れが始まるところだった。今度は二隻がかなり散開して網を広げ、引く時間も長い。水揚げも一回目の半分程度だった。

漁獲を積んだ運搬船は阿多田島に八時少し前に到着。船倉にパイプが入り、ポンプで吸い上げられたカタクチイワシは加工場に送り込まれた。

「生売り用は漁の一割で、九割はいりこ用」と大井さん。二〇一八年の西日本豪雨の後、大量の木材が海に漂った。未明に操業する生売り用の漁は危険回避のため断念したが、いりこ用の漁は一二月下旬まで続け、水揚げは順調だった。

金肥の干鰯　藩財政を潤す

広島湾のイワシ網の歴史をひも解くと、寛永一三（一六三六）年に紀州の漁師が小方浦（広島県大竹市）の庄屋を訪ね、阿多田島（同）に良い網代があるのでイワシ網を引かせてくれと願い出たという。試しに船二隻で沖から回した網を陸から引くと大漁だった。

この新しい網を学び、阿多田島周辺でイワシ漁が盛んになる。金肥《きんぴ》の干鰯《ほしか》にして回船で運ばれ、瀬戸内沿岸部の綿作などを支えた。漁の運上金は広島藩の財政を潤した。

煮干しであるいりこの生産が広まったのは江戸時代末期とされ、西日本各地に販路を広げた。明治期以降の漁は網船と先こぎ船各二隻、取れたイワシを釜でゆでる船など計七隻で行った。戦後の一九五〇年代に網船にエンジンが付いたが、網上げは船上のろくろを回した。

当時を知る大井水産の先代社長の大井行徳さん（八二）は「ろくろに差した棒を三、四人が肩で担いで回し、網がよう途中でもつれた」。浜では女性たちも総出で船上で処理しきれなかったイワシをゆで、天日に干していりこにした。「早うせんとイワシの腹が切れるが、まだ割り木の燃料でねえ」と大井さんは振り返る。

一九六〇年代は試練の時代。海の富栄養化が進んでいりこに向かない脂イワシばかり取れた。脂分が多いといりこは変色し、だしに雑味が出る。大井さんら阿多田島の網元はカタクチイワシを餌にしたハマチ養殖などでしのいだ。

いりこ製造の再開は一九七〇年代から。大井さんは一九七四年に浜干しに代わる乾燥機を導入した。一九九二年の新工場建設で製造をほぼ自動化した。運搬船からパイプを通ってきたカタクチイワシはせいろに載せられて釜でゆでられて乾燥室へ。今は六~七キロ入りいりこの箱を一日八〇〇ケース作れる。

せいろの上でゆでられるカタクチイワシ

漁も一九七〇年代、船にローラーを据えたパッチ網になる。一九七五年に魚群探知機の使用が許可され、乱獲の懸念が広がった。広島県西部の網元たちは阿多田島の周辺でのしらすの漁獲禁止を申し合わせた。大きくして取ろうとの趣旨である。休漁日も土日の週二日に増やした。

阿多田島には一九八〇年代までイワシ網が四統あったが、後継者難で二統が解散した。今は島内の二統と広島県江田島市内の業者が島周辺で操業し、近年の水揚げは安定している。先端機器で群れを探して一網打尽にしても、じきに湧いてくるカタクチイワシの群れ。豊後水道から次々に入ってくるのか、網の目を大きくして逃がすしらすが育つのか。三八〇年余りも豊かな恵みを与え続けてくれる地先の海である。

今でも春先、カタクチイワシの群れは太平洋から黒潮に乗って瀬戸内海に入り、再び外海に出て越冬するといわれる。主に四～一〇月に産卵して一カ月後に全長一五ミリのしらすに、半年後には大半が成魚になる。

山口県周防大島町の広島湾側にある浮島《うかしま》でイワシ漁の光勝網を率いる橋本喜代人さん（六九）は毎春、群れの入り込みを実感する。「海の表面がイワシで黒くなり、風紋のようにざわつく。外海から来たんだなと思う」

人口二〇〇人余の浮島に五統のイワシ網がある。二〇一八年は四三二トン、販売額三億四九〇〇万円と山口県のいりこの九割を生産した。五統の規模は似通っており六月から一一月までパッチ網を引く。毎年の漁始め前に親方衆が集まり取り決めをする。

しらすは取らず、漁は早朝から午前一〇時まで、毎週土曜は休み。一番網を入れる地先の網代を日替わりで回す。「海を荒らさず、漁を長続きさせるためで、ええ決め事よ」と観音網の新村政志さん（七七）。

浮島には資金を出し合う共同網の伝統があり、今も観音網など三統が共同経営。各統とも船と加工場で計一五人程度が働き、島全体が家族のようである。船と加工場で働く二〇歳と一八歳の男女カップルなど若手も結構いる。

脂イワシが増えた富栄養化の苦境時代を経て一九七〇年代に網を再開した後も浮き沈みはあったが、ここ二〇年の水揚げは安定している。島から周防大島本島側へ半径八キロ以内の網代に「どういうわけかイワシが付く」と新村さん。

新村則人さんのポスター「海の魚は、森に育てられる」

新村さん方の居間に「海の魚は、森に育てられる」という山口県漁連（現在の同県漁協）のポスターが張ってある。デザイナーとして東京で活躍する末弟の則人さん（五九）の作品である。葉っぱに魚の尻尾が付き、「森を通ってくる水にはプランクトンなど魚や海藻の栄養源が含まれる」と説明にある。

西中国山地の森の恵みが錦川や太田川から注ぎ込む広島湾は外洋から来るカタクチ

イワシにとっても豊かな海である。森と海を結ぶ発想は、みんなで資源を守りながらほどほどに取る共同網の精神との相性も良い。

しらす不振に河口堰の影

瀬戸内海のカタクチイワシ資源量は二〇〇〇年代に低迷期から脱し、今は安定している。「太平洋からの来遊が増え、漁獲圧も低くなったため」と瀬戸内海区水産研究所の河野悌昌資源管理グループ長はみる。

外洋から最も遠い内海中央部の燧灘《ひうちなだ》は事情が異なる。県境を越えて入り会う広島、香川、愛媛県のイワシ網の中でも、広島県福山市鞆沖の走島でしらす漁の不振が目立つ。島に渡った二〇一九年の七月一日は休漁日で、二〇統のパッチ網船団が港内を埋めていた。

港近くの加工場に網元の木村元昭さん（六一）を訪ねた。秋いりこ用を取った時代もあったが、平成初めから主にしらすを狙い、ゆでて乾燥させてちりめんを作る。漁と加工場各四人で八月半ばまで操業し、主力は七〇歳代。一方、島で加工せず他県業者に生で売る網元も増えている。

「昔は鞆沖でしらすが湧いて南下したが、芦田川の河口堰《ぜき》の影響もあり海が変わった」と木村さん。ほとんど取れずに網じまいする年もある。県東部のパッチ網協議会長の村上智朗さん（五四）も「年に四〇～五〇日出漁できればいいが、二、三日で終わる年もある」と苦境を明かす。

走島の上乾ちりめんは広島県漁連の共販で高評価だが、二〇一四年から二〇一八年まで各年の出荷量は一トン、七二トン、四五トン、五トン、九八トンと極端な推移である。三〇〇トン台の平成初めには遠く及ばないが、二〇一八年は西日本豪雨後にしらすが湧いた。二〇一九年は六月二一日に網を下ろし、量は取れるが単価が安い。

海の変化は、もう一つの柱である定置網漁も直撃した。トラフグなど高級魚がよく取れた三〇年前から漁獲がめっきり減少。春先から定置網、その後にイワシ網というサイクルが狂ってきた。以前は冬だけ出稼ぎした木村さんは今、島外の福山市内にも住まいを確保して「半漁半Xと言うか、イワシ漁の後は陸《おか》の仕事に行く」。定置網漁も続ける村上さんも、子どもの教育のこともあり市内中心部在住である。

走島の人口は五〇〇人を割り、小中学校は二〇一五年に閉校した。「跡取りを島に帰せる海へ」との思いも、「苦労は自分の代まで」と現実の苦しさの前にかき消されそうである。

消費先細りにブランド化

香川県観音寺市の港から船に乗ると、色とりどりの加工場で海辺が縁取られた伊吹島が見えてきた。「伊吹いりこ」を二〇一一年に地域団体商標登録したブランドいりこの島である。

八センチ以上の大羽いりこになるカタクチイワシが今年（二〇一九年）は六月からよく取れている。一五統ある網元は島の周辺でパッチ網を引き、三〇数ノットは出る高速船で漁獲を加工場へ運ぶ。

網元の一人、山一水産の三好康一郎さん（五四）は「泳ぎよった魚に氷海水を飲ませて仮死状態で運び、一時間後には乾燥機の中」。鮮度保持にこだわった品質に胸を張る。

一九八八年に販売額四四億円を記録して「日本一のいりこの島」となった後、燧灘《ひうちなだ》のカタクチイワシ漁獲は落ち込んだ。香川、愛媛、広島三県の資源管理が一九九三年に始まって二〇〇〇年代に漁獲は安定してきた。それでもここ一五年間で網元三統が廃業するなど先細りは否めない。

うどんブームを追い風にいりこの消費のテコ入れを図ろうと、伊吹漁協がブランド化を主導した。オリーブいりこ、いりこ酒など派生商品は生まれたが、三好さんは「今年の大羽は良質なのに相場は昨年並み。名前だけのブランドでは」と効果をいぶかる。いりこでだしを取る家庭が減り、上質品を進物にする風習が薄れたことも影響しているようだ。

漁協も網元も収支が釣り合う年一二億円の販売目標に対し、二〇一八年実績は一七億円。表向きの数字は順調だが、いりこ加工は六～九月限定の仕事であり、「網元の子弟を含めて島外への出稼ぎが多い」と漁協の三好光一参事（六二）。一統当たり二〇数人の確保が年々厳しくなってきた。島の人口は二〇年間で半減して四八〇人になり、「働き手がいつまでおるだろうか」と不安の声が網元から漏れる。

季節操業ゆえの悩み解決に向け、広島、山口県内では漁閑期の仕事づくりに努めるケースが目立つ。冬から春先に他の魚種やヒジキ、アカモク、カキ、ナマコの加工や釣り堀経営まで。通年雇用の会社組織にして人材を確保する業者も。安定就業の実現がカタクチイワシ漁の持続の鍵になってきた。

イワシ網の数が徐々に減る中、新たに始める網があると聞いた。山口県柳井市の阿月漁港を訪れると、真新しいいりこ加工場が稼働していた。

新網を率いる松野仁《ひとし》さん（六六）は長男一彦さん（四六）と二隻で沖に出てローラー吾智《ごち》網でマダイや時にマナガツオを追ってきた。旧来のイワシ網が昔は近辺にも三統あった。地先に湧くカタクチイワシを取って加工に乗り出すのは念願でもあった。

山口県の許可を得た二〇一八年はパッチ網を試験的に引き、二〇一九年六月から本格操業を始めた。網船や運搬船は中古でも加工場を含め約一億五〇〇〇万円の投資。「借金もしたが、イワシが一週間見えんなら吾智網に出りゃあええ」。松野さんは二兎《にと》を追うような漁に自信をのぞかせる。

取材した七月九日、周防大島を対岸に望む海域でしらすが大きくなった体長三、四センチのかえりが網に入った。途中で網が破れて帰港するトラブルも。「慣れるんが大変」と一〇、二〇代の若手漁師たちが網を繕う。漁と加工場で女性や年配者も含め二〇人近くが働く。

若手の中には松野さんの孫の蓮さん（一九）も。高校を出た昨春から吾智網に加わって漁の面白さを体感し、「じいちゃん、父さんよりも上にいきたい」。頼もしい跡取りの存在が松野さんの背中を押したようだ。新網開始に伴って会社をつくり、社長に長男が就き、孫が社員になった。

阿月から直線距離で西に五キロ、室津半島の反対側の同県平生町佐賀には伝統的なイワシ網が残っている。一統五隻のうち今では珍しい木造の運搬船が二隻。九月から一二月まで網を引き、地元の水産加工会社に売る。

漁港そばの作業場を訪れると、七〇歳代の主要メンバーが底引き網を終えて休憩中だった。「文化財のような船もおるが、量は取れるで」と威勢は良いが、先行きとなると「あと五年ぐらいか」との声も出た。

町外出身の若手Iターン漁師三人も操業に加わるようになった。代表の横山拓美さん（七二）は「皆が年を取ってしもうた。若い者がやりたい言うなら、船や網は譲ってもよい」と思っている。

工夫次第で需要増も

いりこの香りが立ちこめる会場で海産物商社の面々が箱の中の現物を軽くなでては値を決めていく。広島県漁連の尾道支所（尾道市東尾道）で開かれる煮干し共販の入札会を六月二〇日にのぞいた。

「脂が抜けた高品質のものが多く、上々のスタート」と県煮干指定商社組合会長の森川英孝尾道海産社長（六八）。県西部海域の加工場から送られてきた大羽いりこに、一キロ七〇〇～八〇〇円台の値が付いた。

広島県漁連の煮干し共販入札会

昨年（二〇一八年）は一九三四トン、一六億八千万円の取引があった。八センチ以上の大羽、六～八センチの中羽、四～六センチの小羽、三～四センチのかえり、三センチ以下のちりめんに分かれる。「だし取りのいりこは昔より安くなり、そのまま食べるちりめん、かえりは比較的高値を維持している」と小原俊樹支所長。

三〇年前のいりこ相場は一キロ一〇〇〇円前後だったが、家庭でだしを取る食文化が薄れたことが響いて三～四割下がった。粉砕してだし粉に使う比率が今では五割とも言われ、ペットフード用も一〇数年前から増えた。

北前船が寄港した尾道には海産物問屋が多く、今も全国の煮干しの約六割を扱う。今後の需要動向について森川社長はかつお節の品薄傾向と海外の日本食ブームに着目。「煮干しのニーズはまだある。人気が出てきた東南アジア向けの輸出もさらに伸びるはず」と見込む。

県漁連の共販を通さないルートも以前からある。近年は、しらすを釜揚げや生で出荷する業者が県西部で目立つ。しらす丼や軍艦巻きなど外食で使われる場面も多い。

小回りが利く小型パッチ網で一五年前から、しらす漁を始めた江田島市の水産会社深水は五年前にボイル装置を導入した。「安芸しらす」と銘打った釜揚げを水産卸会社を通じて広島市場に出している。「ソフトな味わいが消費者に認知され、売り上げは年々増えている」と卸会社担当者。

鮮魚としても活用の余地がまだありそうだ。広島駅弁当、広島魚市場などが協力して六月、新広島名物として小イワシのレモン締め押しずしを発売したのも一例である。

夏から秋にかけてよく取れる、いりこに向かない脂イワシにも光を当てたい。いりこにした場合は粉砕に回され、生は魚の餌用などに使われている。イワシ網の漁師なら知っているが、脂がのっている方が実は食べておいしいのである。鮮度保持に留意は要るが、消費者への周知をしながら市場に流通させていく工夫が欲しい。

内海の高級魚

マナガツオ

夏の大潮の夜　流し網で

大分県の姫島を取材で訪れた際、うっすらピンクがかった白身の刺し身が旅館の夕食で出た。口に入れると、きめ細かな身に脂がほどよく乗り、上品なのに味わい深い。マナガツオの刺し身を初めて食べたのは二〇年余り前のことである。

忘れがたい味だったが、鮮魚売り場で刺し身用を目にすることはなく、漁師市で刺し身用の柵を買い求める機会が一度あったきり。そんな幻の食材を四年前（二〇一五年）の夏、広島県三原市糸崎の道の駅「みはら神明の里」で見つけた。取れたてマナガツオの丸物である。柵にしてもらい、久々の美味を自宅で堪能した。

三原市漁協組合長の浜松照行さん（七一）と弟の明夫さん（六五）が夏場、流し網で取っていることを遅まきながら知った。産卵のため燧灘《ひうちなだ》北部に来遊するマナガツオを六月下旬から狙う。「産卵して盆過ぎにはおらんようになる」と照行さん。潮の速い大潮前後に行う夜の漁である。

漁の開始は一九六〇年代にさかのぼる。兄弟の亡父岩松さんのサワラ流し網に熱帯魚のようなひし形の魚が掛かり、調べるとマナガツオと分かった。岩松さんら漁業者五人が県職員と本場の岡山県へ視察に行って網を研究した。それから半世紀余りたって今も操業するのは三原市では兄弟二人、近隣でも同県福山市走島の一人だけとなった。

二〇一九年七月三〇日の午後五時、まず明夫さんの船に同乗した。三原港から四〇分で福山市内海町の田島沖に到着。一〇〇メートル置きに浮きを付けながら三〇分間で長さ六〇〇メートルのナイロン製の網を海中に仕掛けた。海底まで宙づりになった網のカーテンが潮を受けて流れ、通過する魚を絡め取る。網の目合一八センチはサワラの網より二回り大きい。

田島沖で流し網を仕掛ける

あかね色に染まる雲の下で満ち上がりの潮に流されながら待つこと二時間近く。サンドイッチやむすびを口にしながらの雑談タイムである。日が完全に落ちた後の午後八時からローラーで網を上げ始めた。

折から異常発生中のクラゲが途切れなく網に絡む。二枚貝への食害で嫌われ者のナルトビエイ、売り物にはなるが網糸から外しにくいワタリガニも次々と掛かる。いつになったら本命は上がるのだろうか、次第に心細くなってきた。

いぶし銀 船上だけの輝き

煌々《こうこう》と照らされた船上で浜松明夫さんが網を上げ始めて一二分後。いぶし銀のような輝きを放つ魚が網糸に絡まってきた。二キロ級のマナガツオだ。銀色のうろこはすぐに剥がれるため、船上でしか見ることができない鮮やかな色である。

網に乗った獲物や売り物にならないナルトビエイをその都度、ローラーを止めて網糸から外す根気の要る漁である。長さ六〇〇メートルもの網を上げ終わるまでたっぷり二時間がかかり。海底の泥を網が持ち上げ、そばで撮影中にズボンが泥まみれになった。

銀色に輝く取れたてのマナガツオ

マナガツオは忘れたころに上がるようなペースで一〇匹で計約一〇キロだった。すぐに死ぬため、いけすには入れない。一キロ二千円以上の高級魚だが、燃料代が約九千円かかる。「せめてこの倍取れればなあ」と明夫さんは漏らした。

夜の海を田島沖から三原に引き返す途中、因島沖で操業中の兄照行さんの船に乗り移った。向島との間の布刈《めかり》瀬戸の東側では潮が複雑に回る。一直線に張るのではなく、弧を描くようにカーテン状の流し網を仕掛け終えたところだった。

日付が七月三一日に変わる一五分前から網上げ開始。こちらの底は砂地のようだ。大量の流れ藻が網に絡みつき、「いつもこんなことはないのに。今日は潮がいけん」と照行さんは渋い顔である。上がったマナガツオは二キロ級が一匹、一キロ以下が六匹だった。

一晩に二回、夜明けまで操業することもある。今シーズンの漁獲は多いときで一晩に三〇〜五〇匹。「十数年前はもっと取れた」と照行さんは言うが、「そのころは良くてもキロ八〇〇円程度だった」とも。

高級魚として好まれる中国向けの輸出が増え、価格を押し上げた。魚価が下落する中で例外的な魚で、国内でも近年、評価は高まっている。

浜松さん兄弟は三原市内の糸崎水産市場に漁獲を持ち込むほか、三枚におろした身を三原市漁協の施設で急速冷凍する。「刺し身も十分いける。むしろ甘みが増すぐらい」と照行さん。昨年から横浜市内の高級ホテルのイタリアンレストランへの直送も始めた。

夏場の美味　中国送りの需要も増大

浜松兄弟の先代が視察に訪れた岡山県は、瀬戸内海では香川県と並んでマナガツオ漁が盛んな地域である。夏場の美味として刺し身が珍重され、中元にマナガツオの丸物を贈る風習が今も一部に残る。

倉敷市下津井を二〇一九年八月二日に訪れると、漁は最盛期を迎えていた。瀬戸大橋の橋脚のたもとに近い第一田之浦吹上漁協の岡耕作組合長（四二）が冷蔵庫の中を見せてくれた。一キロ足らずから三キロまでのマナガツオが一匹ずつ入ったケースが山積みされている。漁向きの大潮の日とあって「バッシャ網の二隻で今日は四〇〇キロ上がった」と大漁に声も弾む。

バッシャ網とは、両端にいかりを付けて急潮流の中へ投入し、時間を置いて引き上げる袋待ち網のこと。下津井など児島地区の五漁協の九隻が大潮前後の夜間、備讃瀬戸の網代に網を入れる。二、三人がかりで一晩に多くて二回行う漁である。

底値が一キロ二千円前後だから、この日は八〇万円以上の水揚げである。「中国送りの需要で十数年前から値上がりし、近年は漁獲も安定している」と岡組合長。岡山市場へ出したり、岡山県漁協を通じ冷凍加工品を中国へ輸出したりするほか、少しでも高く売ろうと関西市場もにらむ。この日も携帯電話で連絡を取って大阪、京都市場に計三五匹を発送した。

漁期は産卵に来る六月から。八月末か九月初めに五〇〇円玉ぐらいの稚魚が入り始めると網をしまう。今や伝統のタコ漁に次ぐ漁獲の柱となったマナガツオ漁。資源を持続させるための自主的な保護策である。

バッシャ網には春先、コウイカの一種シリヤケイカが入る。これも中国などへの輸出用に一キロ六〇〇円と従来にない高値が付き、貴重な収入源になる。「中国頼み」と言われる昨今の漁業の一端をうかがわせる。
岡山県でも瀬戸内、備前市沖の東部や笠岡市沖の西部では専ら流し網漁でマナガツオを取り、五〇隻近くが操業する。県内の主要七漁港に水揚げされるマナガツオ漁獲量の近年のピークは二〇〇七年の七〇トン。二〇一〇年、二〇一一年は二〇トン前後に下落したが、その後は持ち直し、二〇一七年は六〇トン、二〇一八年は四〇トンと推移している。

回遊の群れ　当てれば一獲千金

「朝から三〇隻ぐらいが沖に出てマナガツオを探しとる」と聞いた。伊予灘に面した愛媛県伊予市の下灘漁協を訪れた二〇一九年二月初旬の昼下がりのことである。

普段はマダイを取るローラー吾智《ごち》網を使い、回遊する群れをうまく当てれば数百万円。一獲千金を狙うギャンブルのような漁だという。漁協の競り開始の午後三時が迫っても取れたとの知らせはない。漁港でたき火を囲む仲買人たちに交じって待つことにした。

やがて「当てた船が少しはいる」との情報。四時四〇分ごろ、沖からの連絡で女性たちがトロ箱を岸壁に積み始めた。船が着くと家族総出で箱詰め作業である。四〇〇グラム前後の小型のマナガツオで、二〇匹程度ずつ詰めて計三一箱。一箱一万円の値が付いた。小さいためキロ当たりは良型の半値だった。

伊方原発の沖で長男と取ってきた続谷勉さん（七六）は「当てれば一〇〇万円、二〇〇万円はざら」と言う。それでも「一隻で運びきれんほど取れたこともある十数年前に比べると量は減った」と感じている。

結局この日、当てたのは約三〇隻中二隻だけ。無人島の由利島方面に出漁して空振りだった漁師は「ピンポイントの漁だから仕方ない。当てた船のすぐ横の船がゼロということもある」とさばさばした口調だった。

家族総出でマナガツオの箱詰め作業

下灘では魚群探知機がないころから始まったというマナガツオ漁。近年は同じ瀬戸内海西部の柳井市や周防大島町など山口県の漁業者の参入も目立つ。やはりローラー吾智網で冬から春先に周防灘などで群れを探す。

柳井市内のベテラン漁師は「当たったときは良型がトン単位で取れる」と言うから一キロ二〇〇〇円ならすごい額になる。大量すぎて広島市場では受け入れるのが難しく、中国への輸出ルートがある福岡市場に回したケースも語り草になっている。半面、「目が痛くなるまで魚探を一日中見たが、だめだった」といった類いの失敗談にも事欠かない。

下灘漁協の魚見宗一参事は「漁獲量は減少傾向。山口県海域の方に回遊ルートが変わっているのかもしれない」と言う。一発狙いのスリルあふれる漁だが、資源が長続きするかどうかが気になる。

内海の高級魚にはどんな料理法があるのだろうか。岡山県倉敷市児島で料理店を営む久世清和さん（五五）は夏場、ほぼ一日置きに同市下津井の漁協をのぞく。刺し身に最適の二キロ級のマナガツオがお目当てである。「刺し身はもちろん、皮を付けたままの炙《あぶ》り刺しや照り焼きもよし。あらを塩焼きにすれば骨も食べられる」

久世さんが引いてくれた刺し身は脂の乗り具合が上品で絶妙。香ばしさが加わった炙り刺しや真子の煮付けも美味だった。岡山のちょっとぜいたくな夏の味と言えるだろう。

地元名物のサワラに続き、地魚のマナガツオを堪能できる料理店マップの作製を岡山県水産課も検討している。ただ、浜値がキロ二〇〇〇円以上とサワラの三倍程度になり「高くなりすぎた」との声も聞かれる。

ここ一〇年余りで倍近くまで値上がりした主な要因は中国への輸出増加である。中国ではめでたい席などでも使われる高級食材として人気で、油で揚げてあんかけにするのが代表的な料理という。

岡山県漁連は県内漁協から集めたマナガツオを冷凍加工して中国に輸出している。二〇一五年は約二〇トン、二〇一九年も一〇トン程度を輸出する見込み。市場ルートでも中国送りが増えており、岡山市場の関係者は「県内産の半分以上、いや七割前後は最終的に中国向けでは」と推測する。

漁業者の収入源として存在感を増すマナガツオだが、生態や資源についての知見は乏しい。主に西日本に分布し、瀬戸内海では夏場に産卵のため備讃瀬戸や燧灘《ひうちなだ》の浅瀬に来る。愛媛県の伊予灘、山口県の周防灘では冬に取る。周防灘の大分県側では夏場を中心に流し網漁が行われている。高値が乱獲につながる恐れもある。水産庁の統計対象魚種でないため漁獲量は不明だが、愛媛、大分、広島県などではすでに減少傾向にあるようだ。系群や回遊ルートなど資源の実態を調査し、体系だった管理につなげていくべきではなかろうか。

資源の持続を望む漁業者の声を受け、岡山県は二〇一七年から人工種苗の生産に向けた研究を始めた。二〇一九年も八月初めに水産研究所で三匹の雌から絞り出した卵に雄の精子を混ぜて受精させた。ふ化して五日後までは二、三千匹の稚魚が生存していたが、間もなく全滅した。

死んだ稚魚の胃は空で、餌として与えたプランクトンを食べていなかった。成魚はクラゲやアミ類などを食べるといわれるが、稚魚の餌などについて引き続き調査、研究を続ける方針という。

二回の旬

サワラ

春は瀬戸内　冬は日本海で

鮮魚売り場で年間を通じてサワラやサゴシ（未成魚）を見かけるようになって十数年はたつ。マグロやカツオと同じサバ科で、旬と呼ばれる時季は年二回ある。晩秋から冬にかけてと産卵期を迎える春である。

「鰆」の字の通り、春に産卵のため瀬戸内海の中央まで入ってくる。流し網に絡めて取り、真子も口にできる昔ながらの旬の味である。

産卵場の備讃瀬戸に面した岡山県では刺し身やバラずしなどが珍重されてきた。乱獲で瀬戸内海の漁獲は一九九〇年代末に激減し、その後の資源回復策が実を結びつつある。

一方、一一月から一月に取れるサワラやサゴシは餌の小魚類をよく食べて脂が乗る。一九九〇年代末以降、東シナ海や黄海の産卵場から日本海を北上する群れが増えた。要因として水温上昇などが挙げられている。

冬の日本海（出雲沖）で釣れたサワラ

日本海側では特に定置網の漁獲が急増した。二〇一八年のサワラ類漁獲をみると、全国一位の福井県の二四九一トンは瀬戸内海全体の二〇三七トンを上回る。二位は石川県、三位は一五七五トンの島根県だった。

旬の味について個人的な感想を言えば、一月ごろの良型サワラのたたきを一番に推したい。皮をあぶると香ばしさとあいまって濃厚な脂の味わいが増し、ポン酢によく合う。

ちなみに山口県水産研究センターが日本海で取れたサゴシの粗脂肪率を年間を通じて分析したところ一月と二月が八%前後で最高だった。春にも一定に脂は乗るものの養分がどうしても卵の方に回るようだ。

春の漁獲が減った岡山県だが、大消費地のため各地からサワラが集まる。倉敷市内の和食店経営者は「脂が乗って本当にうまいのは冬の島根のサワラ」。地元びいきは抜きにしたクールな評価である。

神話の海　大型定置網

二〇二〇年が明け、島根県の定置網漁を取材することにした。冬の日本海は風波が強い。「操業できる日とシケ休みが半々ぐらい」と聞き、天気予報に留意して出雲市西部の多伎町を訪れた。朝から海は穏やかで、幸先がよいと胸をなで下ろした。それが大いなる誤算だったと後に気づく。

「行こか」。山本千敏統括漁労長（六六）の声でストーブを囲んでいた一一人の男たちが外に出た。一月一七日の午前七時、出雲市多伎町の小田漁港から一九トンの漁船二隻に分乗し、約五キロ沖合の大型定置網に向かう。

冬の日本海には珍しいなぎで、右前方に稲佐の浜から日御碕《ひのみさき》へ続く島根半島。振り返ると遠くに雪化粧した三瓶山が望めた。この山を杭《くい》に綱で半島を引き寄せてきたと出雲国風土記にある「国引き神話」の海である。

網のブイが点々と連なる海域に着いた。陸に対し直角方向に張った長さ一・三キロの垣網が魚の進路を遮る。本能的に沖へ逃げる魚を垣網の先端から入れて泳がせる網は運動場と呼ばれる。そこから登網、さらに箱網に入れて漁獲する。

魚を入れる三つの網の長さは約四〇〇メートルあり、サッカー場が四面入る広さ。網揚げ船に乗った八人が四つのローラーで箱網を巻き上げる。三人乗りのもう一隻が反対側に舷を寄せ、網の幅を次第に狭めていく。

大型定置網を巻き上げる2隻の漁船

チームワークの職場である。最も若い川上泰成さん（二三）は自衛官から転じて一年。「まだ勉強中だが、魚が取れるとやりがいを感じる」と一番よく動く。時折、操舵《そうだ》室で船の位置を修正する山本漁労長はこの道四〇年で、鷹揚《おうよう》な物腰でみんなを束ねる。

午前八時すぎ、網の中の魚影が見え始めた。年間を通じて漁獲の半分余りを占めるというサワラやサゴシの姿を目で追うが、見当たらない。「なぎが続くと入りが良くないから」と山本漁労長。それに代わるこの日の主役はなんとクロマグロだった。

とりわけ六～八キロの幼魚ヨコワが目立つ。国際的な資源管理の下で漁獲枠が割り振られ、多伎定置網はすでに本年度の枠を使い切っている。出荷すればキロ千円はするが、余計な手間を掛けて逃がすしかないのである。

「広島からマグロを持ってきなさった」。山本漁労長は当方を見てニヤッとした。

多伎定置網の二隻は取れた魚を船内いけすの水氷に漬けると帰りを急いだ。出雲市多伎町の小田漁港で午前九時前から魚種別により分け、発泡スチロール箱に詰める作業にかかる。スズキが多く、マダイやハゲ、アオリイカなども目立つ。

サワラとサゴシは一箱に七キロ程度を詰める。前日は一〇〇箱、三日前は三〇〇箱あったが、この日はわずか四箱だった。「今日は極端に少ないなあ」と漁師たちも思案顔である。クロマグロの群れを恐れて網に近づかなかったのだろうか。

「昨年一一月、一二月には千箱ぐらいの日がよくあった」。山本千敏漁労長（六六）がこともなげに言う数の多さに驚き、出荷場を埋め尽くす箱の山を思い浮かべてみた。千箱なら四〇〇万円余の水揚げという。

全魚種合わせて計一二〇箱といつもより少なめの魚を積んだトラックは同市大社町の水産市場へ向かった。市内四カ所の定置網の漁獲の競りが午前一一時からある。

十数人の仲卸業者が待ち構えていた。この日は大社、湖陵など近隣の定置網の漁獲も少なく、サワラ類は計一五箱しかなかった。競りは二〇分余りで早々と終わった。

豊漁風景を求めて二週間後に出雲を再訪したが、今度はしけで休漁だった。多伎定置網は二月中旬には一転、サゴシ主体に五千箱と耳を疑うような大漁が二日続いたというから取材運がない。

市場を運営するＪＦしまね大社支所で取り扱う魚の五割余りがサワラ類という。二・五キロ以上をサワラ、未満をサゴシと呼び、二〇一八年度はそれぞれ一四六トンと三四四トンの計四九〇トン。島根県内トップクラスである。「冬場のサワラは脂がよく乗り、キロ千円から品薄時は二千円になる」と青山博之支所長。

定置網のサワラ類の大半は品質を左右すると言われる血抜きはせずに競りに掛かる。それをカバーするのが取って二～三時間後という抜群の鮮度。仲卸会社員の川崎剛直さん（三六）は「氷でよく冷やしてある。刺し身やたたき用など需要に応じて競りの後でエラを切っても血は抜ける」。翌日には広島や岡山、関西方面の売り場に並ぶ。

水温上昇、富栄養化で急増か

日本海でサワラの漁獲が増え始めたのは一九九〇年代末からである。島根半島東部の定置網に目立つようになったのは二〇〇三年ごろ。当時は見慣れぬ魚で境港市場（鳥取県境港市）でも安値だった。珍重されることが分かった岡山方面へ鮮度管理を徹底して送り始めると価格が急上昇した。

七類定置網（島根県松江市美保関町）の宮本輝雄社長（六八）は「二〇〇〇年代半ばが最多。その後は取れたり取れなかったりの繰り返し」と言う。

島根半島の西側はもっと早くから取れていた。「昔は秋、冬に限られていたが、今は年中おる」と多伎定置網（出雲市多伎町）の山本千敏漁労長。今も年間二億円の水揚げの半分をサワラ類が占める。

なぜサワラの大群が日本海を北上するようになったのか。東シナ海や黄海で資源量が増え、日本海の水温が上昇したため来遊しやすくなったと考えられている。では資源量はどうして増えたのか。富栄養化による餌増加や他魚種の乱獲で生物相に隙間ができたからとの説がある。

かつて同じような要因が指摘された日本海への来遊生物がいた。二〇〇〇年代に島根県の定置網にも被害を及ぼしたエチゼンクラゲである。こちらはその後減ってサワラだけが来遊する現状は漁業者にはありがたいが、理由は分からない。

中国で排水規制が進んでいることに着目し、「富栄養化の程度がサワラに適合するレベルになったのか」と推測する漁業者もいる。

東シナ海や黄海で三～六月に産卵して日本海を北上するとされてきたが、水温上昇の影響か産卵時季は早まり、産卵場も日本近海まで広がっているようだ。

山口県西部沖の響灘では二～三月に産卵している。一〇年前から引き釣りで狙う下関市伊崎の泉覚さん（七二）は「一月末から親魚が集まり始め、海底付近で産卵すると小魚の群れのような反応が魚探に映る。サクラが散る頃までにはいなくなる」と言う。

五～六月には七類定置網に体長約三〇センチの豆サゴシが入る。「時期的に響灘生まれの可能性がある」と宮本社長はみている。

ブランド化へ船上で血抜き

舞台を瀬戸内海に移そう。山口県岩国市沖で二〇一九年一一月中旬に乗船取材したのは引き釣り漁である。午前六時に岩国新港を出た船は暗い海上をジグザグに進んだ。「ほらイワシ」。岩国市漁協組合長の松浦栄一郎さん（四九）が魚群探知機を指さした。画面を赤く染めるカタクチイワシの群れ。それを追って来るサワラを狙う。

瀬戸内海でも秋から冬に脂がよく乗ったサワラが取れる。錦川から養分が注ぎ込む岩国沖は餌の小魚が多い。船上で血抜きした上質品を同漁協が「サワライダー」と命名し、広島市場で高評価を得ている。

疑似餌付きの針四本を引いて船は緩やかに進む。「おっ来た」。引き上げたら約一・四キロのサゴシ。松浦さんは締めかぎですぐに脳殺した。包丁を首に当てて生き締めすると、船上に血がしたたり落ちた。

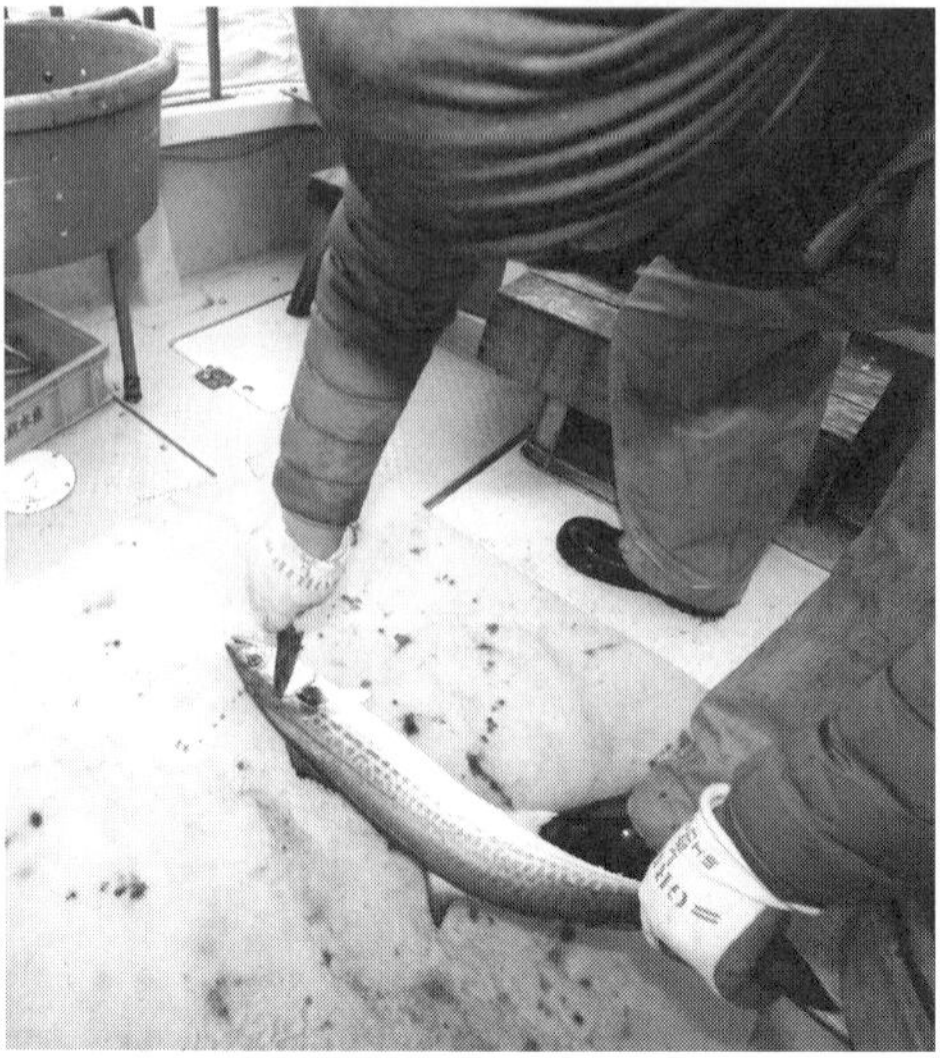
「サワライダー」ブランドのサワラの船上活け締め

帰港時には魚を漬けた氷水が赤くなるほど血が抜けている。こうすると臭味がなく、三、四日は平気で刺し身にできるほど長持ちする。
高速で泳ぐ魚体を連想させるサワライダー。「取るだけでなく、付加価値を付けて市場で認めてもらう工夫を」と松浦さんは漁師仲間と四年前、魚を暴れさせない素早い血抜きなどの手順を決め、ブランド名を付けた。自身は鮮魚店も営む。取引の電話が船上にも度々かかる忙しさだが、漁獲と加工、販売まで知るからこその発想だった。

漁業者一〇人で一日三〇本程度を卸会社の広島魚市場に持ち込む。同社は船上処理の動画を再生できるQRコード付きチラシを配ってサワライダーをPRしている。首都圏の和食店からの引き合いもあり、通常品より二～三割以上の高値で取引される。

ただしサワライダーと言えるのは二キロ以上。この朝の二時間弱で釣れたのはそれ以下のサゴシ三本だった。リベンジを約束して別れた。

一二月上旬に再挑戦の機会がきた。今度は米軍岩国基地沖を通過して同市藤生沖へ。寒い朝に特有の浮島がかなたに見える。最初は当たりがなく再び苦戦を覚悟した。途中から三キロ余と二キロのサワラ各一匹と二キロを切るサゴシ二匹が上がった。「なんとか釣れてよかった」。松浦さんの安堵《あんど》の声に当方も大きくうなずいた。


「鰆」と書くように、瀬戸内海に春を告げるサワラ漁。最も一般的な取り方は流し網漁である。夜の海に長さ数百メートルから一キロ余りの網を投入し、潮に任せて弓状に曲がるまで流しておく。産卵に来たサワラが網目に刺さって逃げられなくなり、網もろとも揚げる。春を告げるサワラ漁は、伝統的にこうした流し網で行われてきた。

対岸に香川県の小豆島を望む岡山市東南端の東区宝伝。旧村名にちなむ朝日漁協の組合長豊田安彦さん（七二）の流し網歴は半世紀を超える。

深場から浅くなる斜面にサワラは産卵することを経験を通じて知っている。「満潮か干潮を見計らい網をそこへ当てるのが漁師の技」。強風で起きる波を利用して卵を産むと推測する。「風が吹く度に子を産んで腹が細くなり、すぐに姿を消す」

一九歳の春から網を流し、最初は両親と人力で網を引いた。三人がかりの重労働はやがてローラー網揚げに代わる。一九八五年ごろから軽くて魚に絡まりやすいナイロンテグス網になり、漁獲はピークを迎えた。

春生まれの幼魚を秋に取る船も出てきた。サバ大のサゴシを軽トラックに満載した漁師を注意したら「減るもんかい」と言い返された。乱獲の報いは漁獲急減の形で現れる。

「一週間出てもサワラの顔を見んかった」という一九九九年の岡山県内漁獲は一九八六年の一％の五トンにまで落ち込んだ。水産庁と内海沿岸一一府県、漁業者が協議して秋漁を休み、二〇〇二年から網目合を一〇・六センチ以上にして当歳魚を逃がした。

漁獲は徐々に回復し、二〇一九年は一三五トンと一九九三年を上回る水準に戻った。豊田さんも同年春、三～四キロ級を一五〇匹上げた日がある。ただ、値段は良い頃の三分の一。「日本海でよく取れだした。しかも岡山の市場が鮮度を保つ方法を教えたから仕方ない」

海の春が早くなったと感じる。五月に産卵していたのに、ここ二、三年は漁解禁の四月二〇日によく取れる。「昔のように網にエラがちょっと掛かる程度でなく、早く産もうと突進してきてすごく暴れとる」

同漁協の流し網漁船一〇隻は全盛期の三分の一。冬のノリ養殖が終わるとサワラ漁に妻（六八）

と携わる豊田さんにも後継者はいない。「体の続く限りやる」だけである。

餌不足　資源回復曲がり角

肉食系のサワラは貪欲である。餌が足らないと共食いし、瀬戸内海で発生数の多い年は餌不足で成長速度が鈍るほどである。

岡山県備前市の日生町漁協は六月に稚魚を中間育成して放流してきた。二〇一九年も体長三センチ余の稚魚八五〇〇匹に餌のイカナゴを九日間やると八～一〇センチになった。驚くほど成長が早い。

日生町漁協でのサワラ稚魚放流（岡山県水産課提供）

サワラの種苗生産は瀬戸内海の資源回復を目指し水産庁と一一府県が二〇〇二年から共同で始めた。瀬戸内海区水産研究所屋島庁舎（高松市）で人工ふ化させた稚魚を六府県で育て、二〇一九年は四万五千尾放流した。

最初の年に日生では背中に点々の標識を付けて放流すると、翌年五月に全長七二センチ、二・六キロにまで育って小豆島東側で流し網に入った。「やってよかったという手応えが一番あった」と同漁協の天倉辰己専務理事（五八）は振り返る。

放流は二〇二〇年で終わる。当初は漁獲の二〇%程度を放流魚が占めたが、近年は一%を切る。瀬戸内水研の石田実主幹研究員は「瀬戸内海での天然発生が一五〇万尾前後に回復し、所期の目的は達成した」とみる。

秋漁をやめ、網の目合を大きくして零歳魚を取らないようにした漁獲規制も効果を上げた。漁業者と行政、研究機関が広域連携で取り組んだ資源管理の成功例である。

ところが、天倉さんには気がかりなことがある。一歳魚が二・六キロで回帰した二〇〇〇年頃に比べ魚体のサイズが小さくなっていると感じる。「昔は四～五キロあった二歳魚が今は三キロ程度しかない。一〇キロ以上の大型は目にすることもなくなった」

朝日漁協（岡山市東区）の豊田安彦組合長も「海が変わってイカナゴが減り、サワラが育ちにくくなった」。沖合の香川県境での過去の海砂採取や近年の水温上昇それに栄養塩低下の影響を口にした。

サワラは瀬戸内海の生態系の頂点にある。「餌の小魚も含めた生態系の裾野を広げなくてはもう増えないのでは」と天倉さん。サワラだけ増やそうとする資源回復策は曲がり角に差しかかっている。

〈取材余話（1）〉「競り」という異界

魚市場の中に取材で入ることはできても、そこには「異界」への扉がある。競りである。競り人と買い手の間で飛び交う言葉や手指の動きがまるで理解できない。情けないことに、聞き取ってメモすることすらできないのである。

海の彼方に関西空港が望める大阪府泉南市の岡田浦漁協でも毎日、競りが行われていた。食道楽の街のお膝元だけに、仲買人から和食店経営者まで競りの参加者は幅広い。

ここでは毎日午後二時二〇分、競り開始を告げるサイレンが鳴る。競り人は漁協の若手職員である。参加者が取り囲むコンクリートの競り台に、競り籠に入った魚が次々に上げられ、言葉の連射が続く。

「タイがダレハン（四五〇〇円）！マナガツオがサイガレ（七五〇〇円）！タコがブリハン（二五〇〇円）！イカがヨソイ（一五〇〇円）！赤シタビラメがバンガレ（八五〇〇円）！カニがシャクリ（五五〇〇円）や〜」

以上は同漁協ホームページより引いた。当方には、ちんぷんかんぷんで意味不明ある。競りで数字を示す暗号や指の動きは「符丁」と呼ばれ、当事者さえ分かればよい。むしろ取引の内情は第三者に知られない方がよいこともあろうから、当然と言えば当然である。

「明石のまえもん」ブランドで知られる兵庫県明石市の明石浦漁協では、競り人が競り台を棒で激しくたたきながら丁々発止のやりとりを繰り広げる。見学した後で「素人には何にも分からなかった」と感想を漏らすと、若手職員が言うことには「分かってもらっちゃ困る」。なるほどである。

説明責任とか透明性確保とかの言葉で代表されるように、誰もが分かるコミュニケーションの仕組みが重視されるようになって久しい。活字メディアの一端に身を置いてきた当方も、池上彰さんの厳しい指摘も参考にしながら、読者目線に立った分かりやすい記事を送り出す工夫をそれなりにしてきたつもりである。

そんな世の中の流れとは無縁なのが「分かってもらっちゃ困る」的な競りである。部外者に閉じられた「異界」だが、何度も見聞きするうちに濃密な空気が流れていることに気付かされる。競り人が放つ速射砲のような言葉の連続には独特の弾むようなドライブ感がある。手指などで応じる仲買人との呼吸が何よりも大切とされ、プロフェッショナル同士の駆け引きは人間力勝負の趣もありそうだ。

近頃の水産業界ではスーパー主導で早い時間帯の相対《あいたい》取引が増え、そんな競りは縮小傾向にある。山口県下関市の唐戸市場ではまだ相対と競りは半々だが、広島市中央卸売市場では相対が八～九割を占める。高価格のものは昔は遅い時間帯の競りにかけたが、今は早い時間の相対ではけるようになったという。

スーパーなどの量販店は、ロットのそろった物をできるだけ早く確保したい。物流センターで仕分けして広域に展開する店舗へトラック輸送するには、早い時間帯の相対取引で魚を押さえる必要があるからである。

そんなスケールメリットの世界とは対照的な競りが今もわずかだが残る。広島県大竹市のくば漁協では軽トラックで行商する六〇～八〇歳代の女性たちが毎朝八時に集まり、地魚などを競り落とす。「昭和の薫り」が漂う細々とした営みである。

一方、大阪湾岸や播磨灘の漁港では、小規模ではあるが今も競りが活況を呈している。多数の飲食街を抱える関西だからこそだろう。最近は、競りの見学希望が増えているという。明石浦漁協は一人六〇〇円の見学料を取って受け入れている。明石観光協会を通じて毎月二～三件、一回につき二〇～八〇人ぐらいの見学者が訪れる。

ネットバンキングやスマホ決済などＩＴ系取引が広がる中にあって、競りという「異界」が醸し出す独特の人間くささと非日常性が今や立派な観光資源になっている。

クロマグロ

黒いダイヤ

異変　瀬戸内で漁獲相次ぐ

クロマグは「黒いダイヤ」「海のダイヤ」とも呼ばれる高級魚である。広い海を高速で泳ぐ姿を連想させるが、その幼魚であるヨコワが二〇一九年秋、瀬戸内海で相次いで水揚げされ、市場関係者を驚かせた。

まず九月上旬に山口県沖の周防灘南部で四匹計一六キロ、一一月一〇日に広島県廿日市市沖の広島湾で三匹計一八キロ、一一月上旬には香川県沖の播磨灘西部で二〜三キロ級を中心に計六〇〇キロが漁獲された。いずれもサワラ狙いの流し網に掛かった。

広島湾ではその後も「一〇キロ級が釣れた」「大奈佐美島近くや坂沖でピョンピョン跳んどった」などの断片的な情報が飛び交った。

幼魚だけではない。七〇キロで体長一・六メートルの成魚も二〇一九年一〇月末、愛媛県松山市の津和地島沖で遊漁船から釣れた。釣り糸の先の超大物の魚影に「でかい。やばい」と釣り人が声を上げる動画もネット上で広まった。

太平洋クロマグロの最大の産卵場は南西諸島周辺にある。四月下旬〜七月上旬に生まれた幼魚は黒潮や対馬暖流に乗り太平洋や日本海を北上する。瀬戸内海ではヨコワの混獲はまれにあるが、漁獲が相次ぐのは異例である。いったい何が起きていたのだろうか。

すしネタや刺し身で人気の太平洋クロマグロ。乱獲で資源枯渇が懸念され二〇一五年から国際的な資源管理が始まった。三〇キロ未満の小型魚の漁獲を二〇〇二—二〇〇四年の平均水準から半減以下、三〇キロ以上の大型魚漁獲を同水準から増やさないことが柱である。

その結果、三〜四年前からヨコワが増えたと漁業関係者は口をそろえる。黒潮が流れる高知県沖で秋に一本釣りされるヨコワも増え、とりわけ二〇一九年一〇月は六一七四キロと過去四年平均の三倍強になった。

黒潮に乗るヨコワの個体増に加え、近年の瀬戸内海は温暖化による水温上昇が目立つ。南方系の魚種などが入り込みやすくなっている。

黒潮の流れ方にも注目したい。四国沖を通過後に南方へ大きく遠ざかる大蛇行が二〇一七年から始まり、黒潮が豊後水道から瀬戸内海に流れ込みやすくなった。二〇一九年秋には足摺岬沖に黒潮が近づいた時期があり、流入圧力が強まったと考えられる。

クロマグロの漁獲が瀬戸内海で今後も続くなら「迷入」と片付ける訳にはいかなくなる。その一方で、黒潮の大蛇行は二〇二〇年秋から収束気味との見方もある。

二〇一九年秋に松山市沖でクロマグロ成魚を釣らせた遊漁船の川端太樹船長（三六）は二〇二〇年一一月初め、同じ海域で四〇〜五〇キロ級の魚が跳ねるのを見た。「マグロ特有の背びれだった」という。

漁獲枠消化 徒労の再放流

大型定置網に入った多数のヨコワ（クロマグロ幼魚）をたも網に移し、クレーンでつり上げて船上へ。乗組員が手でつかんでは次々に海へ放つ。七、八キロ級が中心で一〇〇匹余り。網でこすれて弱った魚がいてもお構いなしだ。

二〇二〇年一月一七日、出雲市多伎町の定置網漁を取材した折に出くわしたヨコワ再放流の光景である。「枠を消化したから仕方ない。今期はもう八千万円分くらい捨てたかな。大変ですよ」と山本千敏漁労長（六七）。入網した魚を逃がすのは余計な負担で、言いようのない徒労感が漂う。

二〇一五年から始まった太平洋クロマグロの国際的な資源管理。四月から一年間の漁獲枠が都道府県に配分され、釣りは地域ごとに、定置網は経営体ごとに漁獲枠が割り当てられる。待ちの漁業である定置網では、枠を超えたマグロの漁獲は再放流するしかないのである。

多伎定置網は大型魚と三〇キロ未満の小型魚合わせて約二・一トンの枠を前年六月までに使い果たした。翌七月には三〇〇キロ級など大マグロが四〇数匹も網に入ったが、なすすべはなかった。「枠を使わずに我慢すれば良かったが、先々のことは分からんから難しい」と山本漁労長。

多伎定置網に入ったヨコワの再放流

山口県長門市通《かよい》の大型定置網の倉庫には長さ四メートルの木製滑り台が置いてある。船に固定して入網したマグロを効率的に再放流するため二年前に作った。ヨコワの小型を選別台から逃がす塩ビパイプも船に備える。

通定置の黒瀬紀史雄社長（六六）は昨期（二〇一九年四月～二〇二〇年三月）のクロマグロ入網数を逐一記録している。小型を中心に二万四八五七匹を再放流し、漁獲したのは値の良い冬場の大型を中心に六九五匹。尾数では九七％を逃がしたことになる。七月に七六一七匹、八月に六七〇三匹入った三キロ未満は全て再放流した。

漁獲規制の一期目（二〇一五年度）は入網が少なく枠も未消化になるほどだったが、二期目から一転して入網が相次いで再放流数が増えた。「フラフラでも逃がせ」が山口県漁協の指示。「網の底に残れば死ぬし、完全に網を開けば他の魚も逃げる」。黒瀬社長の苦労は絶えない。

出雲市多伎町の定置網でヨコワ（クロマグロ幼魚）一〇〇匹余りの再放流を目撃した後、同市大社町の水産市場に回ってみた。七～八キロ級のヨコワ三六匹が並んでいた。多伎の東隣にある湖陵大敷（定置網）の漁獲という。

「枠をまだ残しとったんか」と仲買人たちがささやき合う。多伎をはじめ昨年中に枠を使い果たした定置網が多い中、希少性もありキロ二千円とまずまずの値で競り落とされた。

四月から翌三月までの漁獲枠をどう消化するか、各定置網にとっては悩ましい判断である。ヨコワは小さいほど単価が安い。湖陵大敷は一〇キロ以下は再放流する方針で二〇一九年中は枠を温存していたが、期末まで二カ月余となり「一〇キロ未満でもやむを得ん」と漁獲した。結局、二〇二〇年三月末に枠は埋まらなかった。

青海島の北東端沖に網を張る長門市の通定置《かよい》は二〇一九年度、安値の夏場はヨコワを度々再放流した。二〇二〇年の年明けに入網する保障はなかったが、「三月にバタバタッと入り、結果オーライだった」と黒瀬紀史雄社長は胸をなで下ろした。

他の網などからの融通分も加えて大型（三〇キロ以上）一一トン、小型四・五トンの枠を三月末までに一〇〇％消化。水揚げ総額は五二〇〇万円と例年の二倍以上となった。水揚げ先の同市仙崎市場は、最大三二〇キロをはじめ大マグロの入網で活況を呈した。冬場の大型魚はキロ平均四千円でその倍以上の高値が付くこともあった。

山口県の二〇一九年度のクロマグロ漁獲の最終枠は大型三六トンと小型八七トン。大型の九割、小型の二割弱が定置網に割り振られ、残りは引き縄などでの釣りで占める。釣りはヨコワ狙いが大半。大型が釣れるのはまれで専ら定置網で漁獲されている。

南西諸島付近で生まれた幼魚が北上し、一〇～一二月にかけ県内の定置網に入るのが例年のパターン。ところが二〇一九年度は七、八月に二～三キロ級が大量入網して再放流に追われ、いつもの漁獲期の秋には姿が見えなかった。「期末の三月の入網で帳尻が合ったが、水温上昇の影響もあったのか異変だらけのシーズンだった」と山口県漁協の渡辺英典指導部長は振り返る。

マグロの値段もコロナ禍で下がる中、今期は昨期のような夏場の大量入網はなかった。「来るときは二、三日で枠が埋まるが、期末までに効率的に取れるかどうか」と黒瀬社長。待ちの漁業ゆえの難しさを口にする。

巻き網漁基地の境港

運搬船からクレーンでつり上げられたクロマグロが次々に陸揚げされる。五〇～六〇キロ級が一度に五、六本ずつ。なかなかの迫力である。

今ではおなじみになったマグロ陸揚げが境港（鳥取県境港市）で始まったのは一九八二年七月のことである。同市の船団が島根県隠岐周辺でクロマグロの群れを見つけて初めて漁獲した。当時、その写真を見て「山陰沖でマグロが」と驚いた記憶がある。

取材した二〇二〇年六月一一日朝、運搬船二隻は宮城県石巻市と長崎市の水産会社の所属だった。新潟沖の漁場で巻き網で取って氷漬けし、一五時間かけて運んできた。初漁獲から三八年がたち、「境港のマグロ」は漁場も船団もずいぶん広域化したものである。

隣接の水産市場内に運ばれたクロマグロは割裁《かっさい》人たちの手でエラと内臓を素早く取り除かれる。

境港の岸壁に陸揚げされるクロマグロ

この日に水揚げされたクロマグロは一五四九本、計七六・五トンだった。一本平均四九キロで三～四歳と推定される。

マグロの列が横たわる市場内で卸三社、仲卸七〇社の計約二〇〇人が立ち働く。割裁から流通までのシステムが整っているのが巻き網マグロが境港に集まる理由である。

大中型巻き網船団は産卵のため日本海に集まるクロマグロを取る。二〇二〇年は七県の一〇カ統の船団が六月五日から七月一五日までに新潟沖と若狭湾沖などで計一一五八トン（二〇一九年八六八トン）を水揚げした。単価はキロ一四一〇円（同一二九三円）、一本平均五二キロ（同三八キロ）だった。

前年より漁獲は増え、コロナ禍でも単価はアップした。魚体がやや大きめで脂が乗っており、航空便の激減で輸入品も少なかったからという。それでも冬場の釣り物や養殖物に比べて格安である。

境港には遠方からのマグロ漁取材に身構える関係者が少なくない。産卵に集まるクロマグロを一網打尽にする巻き網漁は資源枯渇を招くとして釣り漁業者らが非難し、規制強化を求めてきたいきさつがある。

山口県沖でも漁場紛争が起きた。萩市見島周辺での巻き網禁止区域の拡大などを当時の萩市長と山口県漁協組合長が二〇一〇年、農林水産副大臣に申し入れたことがある。マグロ漁をめぐる険悪なムードが山陰沖の日本海を覆っていた。

それから一〇年。国際的な資源管理が五年前に始まり、風向きが少しずつ変わって来た。

産卵期のクロマグロを取る大中型巻き網船団の一カ統は網船、運搬船、探索船の計四、五隻からなる。群がる鳥を目当てにソナーや魚探も使って群れを探し、魚群を囲み込むように網を巻いて漁獲する。

二〇二〇年は一〇カ統が六月半ばすぎまで新潟沖で、その後は主に若狭湾沖に移って七月半ばまで操業した。業界を束ねる山陰旋網《まきあみ》漁協（境港市）によれば、ここ数年で漁模様が大きく変わったという。

「昔は一、二週間かけて群れを探すこともあったが、今はすぐに見つかるので油代が節約できて助かる」と川本英文専務理事。巻き網船団を所有する共和水産（同市）社長の岩田祐二組合長は「国際会議の焦点である小型魚の取り控えの効果が表れてきた」と資源の回復ぶりを強調する。

二〇一五年からの国際的な資源管理は、三〇キロ未満の小型魚の漁獲量を二〇〇二〜二〇〇四年水準から半減▽大型魚の漁獲量を同水準から増やさない——が柱。国内での漁獲割り当ては二〇一八年からTAC（漁獲可能量制度）の対象になった。日本海では大中型巻き網の漁獲が年一八〇〇トンを超えない自主規制も敷いている。

二〇二〇年の国内漁獲可能量に占める大中型巻き網の割り当ては大型魚五九五九トンのうち三二四七トン、小型魚四四三八トンのうち一四七〇トン。それぞれ五四％と三三％を占めている。沿岸漁業者たちは小規模漁業への配分増を求め、「産卵期のマグロを取るな」と抗議の声を上げてきた。

境港水産市場内に並べられるクロマグロ

ただ、資源の回復を受けてトーンは微妙に変わってきたようだ。山口県漁協の幹部は国内漁業界の現状をこう打ち明ける。「巻き網の枠をしぼれとの声は出るが、資源増を踏まえた総枠拡大を漁業者が一枚岩で求めていく機運の方が強まっている」

境港のクロマグロ水揚げは二九八六トンを記録した二〇〇五年から全国一位を続けたが、二〇一七年以降は宮城県塩釜港に抜かれている。それでも一日に千本以上の魚体が境港水産市場に並ぶ光景は壮観である。鳥取県は市場内に展望デッキを整備し、外国人観光客の誘致に力を入れる計画だった。その矢先のコロナ禍が収まるのを今はじっと待っている。

日本近海で産卵　北米西海岸まで回遊

島根県隠岐の周辺海域で一九八二年七月、境港の巻き網船団が漁獲したクロマグロ一万一八三八本の平均体重は一一八キロだった。六～八歳成魚の産卵場の海域だったとみられる。

やがて隠岐周辺での巻き網操業は途絶え、近年の日本海の主漁場は三～四歳魚が多い新潟沖、四～六歳魚中心の若狭沖などである。しかし、二〇一九年の島根県調査では隠岐周辺で産卵場の存在を示す仔魚《しぎょ》が見つかった。山陰旋網《まきあみ》漁協の岩田祐二組合長は「日本海西部でも資源回復のきざしがでてきた」と言う。

太平洋クロマグロの産卵場は日本近海に限られる。日本海以外では南西諸島で八歳以上、二〇一八年に仔魚が確認された三陸・常磐沖では六～八歳の成魚が産卵している。

なぜ年齢ごとに異なる産卵場所があるのか。国際水産資源研究所くろまぐろ資源部の田中庸介くろまぐろ生物グループ長は「成長するにつれ移動して産卵している」と考える。

ふ化したクロマグロは一歳くらいまで餌を求めて日本近海を北上または南下する。一～二歳で太平洋を渡って北米西海岸まで回遊し、三～五歳で日本近海に産卵回帰する群れもいる。

同研究所は、小型魚と大型魚（三〇キロ以上）をそれぞれ一トン取らない場合の五年後の資源量を各一二トン、〇・六六トンと試算する。生涯で億単位の卵を産む親魚の多さと生き残る子の多さに明確な相関関係はみられないとして、国際的な資源管理は小型魚の漁獲抑制に力点を置く。

太平洋クロマグロの親魚の資源量は二〇一〇年に過去最低の一万一千トンに落ち込んだが、二〇一八年は二万八千トンにまで回復。北太平洋まぐろ類国際科学小委員会の最新の試算では、二〇二四年までに目標の約四万トンに回復させる確率は一〇〇％に上昇した。

ブランドまぐろの大間がある青森県漁連は「小型は順調に増え、大型も次第に増えてきた」とみる。田中グループ長は「小型が成長する数年後には大型がさらに増える」と予測する。

マグロは生態系の頂点にあり、他の魚を餌に急速に成長する。山口県沖の日本海では釣れたイカにヨコワが食いつくこともあるという。「特定魚種のみ増やすと生態系のバランスが崩れはしないか」と懸念する声が漁業者サイドから出始めた。

ただ太平洋クロマグロの資源量はピークの一九六一年の一五万六千トンに遠く及ばない。日本は二〇二〇年一〇月に漁獲枠二〇％拡大を提案したが、米国の反対などで見送られた。増枠へのハードルはなお高い。

量は主役の養殖　「天然」依存続く

天然物のクロマグロが減り、鮮魚売り場で幅を利かせるのは養殖物である。養殖場は国内に一八八カ所あり、二〇一九年の出荷量は一万九五八八トンと国内の天然物漁獲の二・五倍にのぼる。その現場の一つを訪れた。

波静かな山口県長門市の油谷《ゆや》湾に直径四六メートルの養殖いけすが一二個並ぶ。中には大小約一万匹のクロマグロ。マルハニチロググループの大洋エーアンドエフ油谷事業所が、冬の水温が低い日本海側で養殖を始めて一八年になる。

出荷シーズン入りの二〇二〇年一〇月一五日朝、四歳魚のいけすに船三隻が横付けした。餌の解凍サバを投入すると魚が群れて水面が盛り上がる。林田仁志所長（六二）の携帯電話が鳴り「今日の注文は二本」との連絡。沖縄、高知など全国五養殖場の調整を担う東京本社の担当者からだった。

地元出身の従業員がマグロを釣って引き寄せる。暴れて魚体にストレスを掛けないよう電気ショックで気絶させて船上へ。血抜きと内臓を抜き取り、クレーンでつり上げて氷詰めした。当初予定は五本だっただけにあっけなく終わった。

陸で二本を計量すると六六キロと五二キロだった。一晩は氷温熟成して出荷する。マグロは体温が高く「取れたては肉がねちゃねちゃしてうまくない」（林田所長）という。値段は産卵期の巻き網漁獲より高く、冬場の釣り・定置網のものより安い。

幼魚ヨコワを二～三年で大きくする本格養殖と夏場に入れて冬まで育てる蓄養がある。中国地方では島根県隠岐に蓄養場が一カ所あり、本格養殖は油谷事業所だけである。

同事業所は長崎県沖で取れた二キロ級ヨコワをいけすに入れ三～四年で出荷する。養殖場が多い南の海より成長が遅い分、質の高さを売りにする。

餌は冷凍のイワシやサバ。出荷までに太る体重の一五～二〇倍を食べ、多い日には二〇トンを使う。「供給が不安定な生き餌に代わる配合飼料の導入も課題」と林田所長は言う。

いけすから揚げて処理される養殖クロマグロ

近大マグロ（近畿大学水産研究所が完全養殖するクロマグロ）をはじめ人工種苗からの完全養殖も本格化している。一方で漁獲規制の成果としてヨコワが増え、天然種苗の確保は危機的な状況でなくなりつつある。

量的に主役の座を占めるようになった養殖クロマグロだが、餌と種苗の両面で天然資源への依存はまだ続きそうである。

おとりと挟み

カワハギ

漁獲減り良型は高値

細面のウマヅラハギも、丸い体形のカワハギも、ひとまとめにカワハギあるいはハゲと呼ばれることが多い。いずれもフグ目カワハギ科に属す。おちょぼ口がユーモラスな白身魚で肝が美味。寒の時季には鍋にもぴったりである。

広島の漁師にならって前者をウマ、後者をマルと呼び分けよう。料理人から専業漁師に転じた広島市西区の岡野真悟さん（三五）によれば、身の繊維が細やかなマルの方が刺し身は勝り、煮付けはフグのようなかみ応えのウマの方がよい。肝はマルの方が白くてきれいという。

瀬戸内海でカワハギ類の漁獲の大半を占めていたウマは減っている。より暖かい海を好むマルの方は、これまで姿を消していた冬場も取れ始めた。温暖化による水温上昇がここにも影を落としているようだ。

漁獲が減ったせいか二〇一九年秋、広島のデパ地下では水槽の中を泳ぐウマに一〇〇グラム約七〇〇円の値が付いていた。良型は今や高級魚である。

日本海では巻き網、定置網、底引き網などでウマを取る。瀬戸内海では定置網のほか生態を利用した特徴的な漁法がある。好物のクラゲをおとりにおびき寄せる伝統漁もその一つ。二〇一九年一一月初め、山口県上関町室津の白浜漁港を訪れた。

傘状の網におとりのクラゲ

小型のこうもり傘を逆にしたような手作りの仕掛け網を使う。中央に真っ白いユウレイクラゲを幾重にも刺して海中に投入すると、ハゲ（ウマ）が食べに来る。その折に、しゃくるようにロープで網を上げてすくい取る。全て人力である。機械力だとロープをローラーに掛ける隙に獲物が逃げてしまうからだという。

クラゲが取れる夏から秋にこの漁をするのは室津で三人。最年長の佐藤時治さん（七九）は「六〇年以上やっちょる。その間、網が真ちゅうの針金からナイロンに変わったぐらい。昔は船のいけすがすぐ満杯になった」と波止の階段に腰を下ろして語った。

「一日何百回も上げよると肩が痛うなるが、まだ力はあるよ」。差し出した当方の手がきゃしゃに見えるほど分厚い手で力強く握り返してきた。

実際に乗ったのは、佐藤さんの弟子に当たる小浜一也さん（三九）の漁船である。朝方に白浜漁港を出ると、外海は強風で波が高い。胸付近のカメラにしぶきが掛かるほどである。

クラゲを付けた網を海に投入

小浜さんは大叔父の佐藤さんからこの漁を習って六年になる。海上自衛官を経て二一歳で子どものころからなりたかったという漁師に。今は魚の質にこだわる地元漁業者の直販グループ代表として時にスーパー店頭に立つ。

風をよけて小浜さんは島影に船を寄せた。陸上の目印の交わりで位置を知る「山食い合い」で海底に岩礁がある海域に近づき、逆さこうもり傘状の網を投入。水深約三〇メートルの底近くに届くと、中央部に幾重にも刺したユウレイクラゲの塊にハゲが寄る様子を頭に描く。一分ぐらいしてロープをしゃくるように上げた。

ところが上げた網の中に獲物はいない。祝島の近くで前日取ったクラゲもそのままだった。場所を変えながら一〇回、二〇回と網投入を繰り返した。「十数枚が乗ったときはビリビリくる」というロープの手応えは全くない様子である。

一一月に入るとハゲが深場に移動し、クラゲも岸から遠ざかる。小浜さんは事前に「今日は期待できんかも」と言っていた。前日は一〇キロ相当の約四〇匹が取れたというが、この日は強風で近づけない海域があり、潮の具合も良くなかったようだ。自然相手だから思い通りにならないこともあるだろうと観念した。

このままでは申し訳ないと思ったのか、小浜さんは高波を押して海峡部の好漁場に船を移動させた。揺れる船上から網を投入して上げると、やっと小型のハゲが一匹入っていた。しばらくしてもう一匹。二時間で見切りを付けて帰港した。

「毎日一〇〇キロ以上は取れた」と佐藤さんが言う盛期に及ばないが、通常の漁獲は一日二〇〜三〇キロ程度で主に広島市場へ送られている。物語性がある漁だけに「クラゲハゲ」のブランド化が頭に浮かぶ。消費者と接している小浜さんもどうやら同じことを思っているようである。

カキいかだ下で挟む技

背中の皮にこすれた痕のあるハゲ（カワハギ類）が秋から冬にかけて広島市場に出回る。絶品と言われるカキいかだ下のハゲである。

広島湾に浮かぶカキいかだの下は魚の楽園である。水面から深さ約一〇メートルまでぶらさがる垂下連にはカキがびっしり付き、その周りにはハゲが好む動物プランクトンや甲殻類、海藻類などが多い。

豊富な餌でよく肥えたハゲは、はさみ状の道具で取る。名人級と聞く広島市西区の岡野真悟さん（三五）を草津漁港に訪ねた。一〇代半ばからこの漁を始め、ホテルの料理人だった一二年間も暇を見ては海へ。父照久さん（六四）の背中を追うように二年余り前、専業漁師になった。

漁に同行したのは二〇一九年一一月上旬。岡野さんはカキいかだの竹の上に腹ばいになり、箱眼鏡で水中をのぞく。左手でプラスチック製のおとり魚を動かしてハゲを誘い、右手に持ったゴム銃式の挟み道具で挟み取ろうと待ち構える。

透明度が高ければハゲは遠くからでもおとりを見てスーッと寄って来る。この日は濁りが残り、見通せるのは二〜三メートル先まで。魚におとりが見えにくい悪条件だった。

それでも岡野さんは場所を変えながら、一〇分余りで一匹のペースで上げていく。最初は丸い体形のマル（カワハギ）。関東で好まれ、豊洲市場に送れば高評価という。その後は立て続けにウマ（ウマヅラハギ）が上がった。頭の上に膨らみがあるオスが続くと「またか」と岡野さん。取れる身が多いメスの方が料理人に喜ばれるからだ。

この時期は肝も大きくなり、活魚の絶品ハゲは一キロ二千円を下らない。岡野さんはこの日、約五時間で四〇〇〜八〇〇グラム級のウマ二〇匹とマル五匹を上げた。別の船で出た照久さんが挟んだのは一五匹だった。

透明度が増し、ハゲが底に潜る冬場、岡野さんと他の漁師との差はさらに開く。

挟み取られたカキいかだ下のハゲ

秘技の数々を駆使するからだ。例えばハゲは挟み棒に気付くと横を向くが、微妙な挟み棒の動きで背中を向かすテクニック。細やかさ、研究熱心さに料理の世界の体験が生きているように感じた。

カキいかだ下のハゲ（カワハギ類）を取る道具は広島市安芸区の町工場で生まれた。「ハ」の字形のステンレス棒二本がハゲ挟み道具の先端である。ゴム銃に付け、海中のハゲを上から撃つ。棒の内側の切れ込みがハゲの両側面の皮に食い込んで挟み取る。ざらついた皮のハゲ専用である。もともとはカキ打ち道具などの金属加工に携わってきた中岡芳則さん（七二）は「二〇年前ごろからじゃろうか。一〇〇丁は優に作った」と言う。

先代が約五〇年前、筒竿《さお》を強く突く際の水圧で発射するゴム銃を開発した。銛《もり》だと魚が傷つき、価値が落ちるため、漁協准組合員でもあった中岡さんは挟むことを思いつく。

最初はしっかり挟めるように、やがて挟んだ場所の皮下出血を減らすように漁師と相談しながら改良を重ねた。その結果、挟み棒の長さは三八センチに、切れ込みは五カ所になった。全て手加工で「切れ込みをつくるのもこれでないと」とスイス製やすりを手に取り見せてくれた。

カキいかだ下で挟み取られたハゲは身太りがよく肝も大きい。「モノが違う」と市場で高値が付くようになった。西区草津をはじめ広島湾の各地でハゲ挟みを使う漁師が増え、その数は二〇人とも三〇人とも言われている。いかだの上からだけでなく、潜って挟む漁師もいる。

「おかげで家が建ったよ」と漁師たちに感謝されたこともある中岡さんだが、今は目が見えにくくなり廃業状態に。広がった挟み棒の調整など道具修理のニーズに応じるため、二〇一九年から若い世代への技術伝承を始めた。

広島ならではの絶品食材と言えるカキいかだ下のハゲだが、その生態はまだよく分かっていない。

瀬戸内海に多いウマ（ウマヅラハギ）は通常、冬に深場へ移動し、五月前後に産卵する。カキいかだ下では冬場、約一〇メートルの垂下連の底の方に垂直移動するようだ。どこで産卵しているのかは不明だが、秋に当年子がいかだ下に群れているというから、近くの海底で産卵している可能性もある。

二〇年近くこの漁を続ける西区の岡野真悟さんは「昔はどこのいかだの下にも当たり前のようにウマがおった」と言う。数年前から目立って減り、今は目当てのいかだを探すのに労力を要するようになった。

一方、ウマより暖かい海を好むマル（カワハギ）は確実に増えている。一〇年余り前はたまに取れる程度だったが、今は全体の二～三割を占めるようになった。

ウマ激減　マルは越冬か

広島県福山市内海町の田島は回遊する魚群を誘い込む定置網漁が盛んである。島周辺や沖合の燧灘《ひうちなだ》に張られた四〇統の網に毎春、ハゲ（カワハギ類）が大量に入っていた。

「いくらでも取れたのが急におらんようになって」と田島漁協の渡辺和志参事はいぶかしがる。二〇一四年春は二万四一五三キロだったハゲの水揚げが二〇一九年春はわずか八八七キロと五年で二七分の一に激減した。

田島の漁港で二〇一九年一一月下旬、定置網漁から帰ってきた檀浦賢三さん（四五）に漁期外れだが取れたハゲを見せてもらった。一五〇グラム程度の小型のマル（カワハギ）が計約一〇キロ、ウマ（ウマヅラハギ）は五、六匹で一キロ余り。「ウマが減り、マルはこれまでになく増えている」と言う。

一〇年余り前の春、檀浦さんの網に一日一トン近いウマが入った。「船のいけすに入りきらず三往復して運んだ」。それが昨今は「一日に一〇枚か二〇枚」という減りようである。

ウマは高水温を、マルは低水温を嫌うと言われる。愛媛県水産研究センターが二〇一一年に飼育研究したところ、成育に適した水温はウマが一五〜二〇度、マルが二〇〜二五度だった。ウマは三〇度で全個体が死んだ。

ウマは五月前後に産卵し、稚魚は夏場に流れ藻を「揺りかご」に育つことが多い。山口県上関町室津でクラゲを使った漁を六〇年余り続ける佐藤時治さん（七九）は「外敵から身を守るためだろう、一〜二センチの稚魚の群れが昔は流れ藻にいっぱい付いとったが、今はごくわずか」と言う。

晩秋の定置網に入った小型カワハギとウマズラハギ

広島県や山口県の瀬戸内海側では近年、海域によっては夏の表層水温が二八〜二九度に上がることも珍しくない。「水温が高くて夏を越せないのだろうか」と佐藤さんは案じる。

一方のマルはもともと、瀬戸内海には少なく、秋に水温が下がると姿を消していた。ところが秋の定置網に小型魚が入ることは、瀬戸内海沿岸部でも産卵、越冬するようになったことをうかがわせる。

海の中のことは分からないことが多いが、温暖化による水温上昇の影響を疑わざるを得ない。

新顔登場

アカモク

嫌われもの　今や特産

アカモクを初めて食べたとき、不思議な感じがした。漁船のスクリューに巻き付いて嫌われものだった赤茶色の海藻だが、ボイルすると薄緑色になる。包丁でトントン刻むと粘り気が出る。ネバネバで歯ごたえがあり、味に癖がない。ポン酢であえてよし、みそ汁や麺類に入れてもよし。東北、九州で先行していたアカモク加工販売の試みが、中国地方でも数年前から広がっている。

「こがいな物が食えるんかい」。最初は半信半疑だった広島県大崎上島町中野の漁業中村修司さん（六六）は二〇一五年に手探りで加工を始めた。食を通じて海藻に親しむ同町食文化海藻塾の道林清隆塾長（七〇）から「地域特産に」と持ちかけられたのがきっかけである。

アカモクは、ヒジキが生える岸寄りより少し沖合で長さ一〇メートル近くまで伸びる。中村さんは強い粘りが出る二月ごろに刈り採り、洗ってボイルした後、ミンチ機に掛けて冷凍する。少しずつ解凍しては袋容器に詰め、広島市中区の「ひろしま夢プラザ」などに通年出荷する。

アカモクの袋詰め作業

自分と妻、長男と次男の夫婦による家内加工で商品名も「中村さんちのアカモク」。生殖器のネバネバ成分に健康に良いとされるフコイダンが含まれ、いろんな料理に使えることからリピーターも多い。

山口県周防大島町の浮島《うかしま》でも同じ年にアカモクの採取と加工が始まった。新村光之さん（四四）を代表に春先、男女六、七人が加工に携わる。光之さんの父政志さん（七八）が「昔は干して芋畑にすき込んでいた」と言うアカモクが、特産商品の「浮島あかもく」に変身。カタクチイワシ漁がない時季の雇用の場になっている。

日本海側の島根県大田市五十猛《いそたけ》町では、素潜りでワカメ漁を続けてきた竹下睦夫さん（五三）がほぼ同じ時期にアカモクも刈るようになった。「ワカメの場所を占領するように四、五年前から増えてきた。やっかい者扱いだった海藻が売れるのはありがたい」と言い、刈ったアカモクは鳥取県内の加工業者に引き渡している。

アカモクを取り始めた頃、海にいくらでもあると中村さんは思っていた。ところが年数を重ねてみると、びっしり生えていた群生が跡形もなく消失することが度々あった。「規則性のない、なんとやねこい海藻」と思い知った。乱獲すると磯焼けが起きて当分は生えてこなくなることも分かった。

試験を経て二〇二〇年冬から養殖を本格化させる。「天然のアカモクを守りながら採ることを考えないと」と中村さんは思い始めている。

〈取材余話(2)〉サザエの角と奥海

サザエの殻を見れば育った海が分かる。日本海のものには角《つの》と呼ばれる突起があり、瀬戸内海のものにはない。中身の味は変わらないから同じ種類でも日本海のものは荒波に持って行かれないように突起を付けるようになった―。そう思ってはいたが、実のところ最近まで確証はなかった。

波穏やかな瀬戸内海は広島県大竹市沖の阿多田島で聞いた話から紹介しよう。同島とすぐそばの小さな島を結ぶ堤防に一カ所、トンネル状の狭い水路がある。漁船に乗せてもらってこの水路をくぐった際、波が幾重にも立った。かじを握る漁師さんいわく。「漁船が頻繁に行き来して波ができるから、この辺りのサザエだけは殻に角があるんよ」。サザエの殻の環境順応説はやはり正しかったようだ。

普段は瀬戸内海での取材が多いが、二〇二〇年は年明けの一月に入って二回ほど島根県出雲市に出かけた。冬の日本海のイメージは防波堤を越えて打ち寄せる荒波である。そういえば初めての山陰勤務の冬、ふわふわ漂う波の華が珍しくて写真を紙面に載せたことがあった。

シケで漁ができない日が半分はある時季だけに、天気を気にしながら出張予定を立てた。最近は便利なことにネットで一週間先までの波予報が検索できる。一回目は出雲市多伎町の定置網漁の取材で、一月中旬の当日は朝から冬場には珍しく穏やかな海。ところが漁自体は取材対象のサワラが極端に少ない意外な展開となった。

二回目は一月末に出雲市大社町の宇龍で催された和布刈《めかり》神事の取材だった。宇龍は島根半島の北西端の天然の良港である。明治九（一八七六）年、萩の乱に敗れた前原一誠らが船を寄せ捕縛に就いたことでも知られる。

写真愛好家が集う海上歴史絵巻だが、行く前から波高三メートルの予報。社がある湾内の島に向けて飾り船を連ねる行事は強風で取りやめになった。神職が島に渡って新ワカメを刈り取る場面だけは望遠レンズ越しにカメラに収めたが、神事は縮小して屋内で営まれた。

もう一つの見ものである寒中飛び込みは強風下でも強行された。赤い締め込み姿の男たち九人が対岸の島に渡って整列し、次々に冷たい海へダイブする。見る方が思わず身震いしてしまう。男たちは寒さをこらえながら懸命に泳いで帰り、岸辺で見守る人々に熱い拍手を送られていた。

感情をストレートに出さない奥ゆかしさが出雲人の特徴といわれる。そんな普段の印象とかけ離れた激しい気迫のほとばしりに触れ、ごつごつしたサザエの角を思い起こした。

翌日、島根半島の山並みが海に落ち込む斜面に漁家がひしめき合う出雲市小伊津に車を走らせた。狭い道を抜けてヘアピンカーブを下ると、シケで身動きできない漁船がたまった港に出た。沖の堤防に荒波が砕けては飛び散る。

海が見える斜面に沿った変則三階建ての家に金築茂美さん（七三）を訪ね、アマダイのはえ縄漁について教えてもらった。手仕事の結晶のようなはえ縄漁だからシケ休みのときには道具を手入れする。縄が綿糸だった昔は特に手間がかかったそうだ。「竈《くど》で火をたいて乾かしながら縄繰り（もつれをほどく作業）したもんよ」と振り返る。

シケで休漁が長引くと気分が腐りそうだが、良いこともあるという。「何日もシケが続いた後は魚にいい値が付くんよ」。休漁がたくまずして資源保護にもつながっている面もあるようだ。

広島に戻ると、瀬戸内海の水面は鏡のように平らだった。高度経済成長期に富栄養化した海は排水規制の強化を経て今は貧栄養が問題となっている。魚種によっては種苗の放流が効果を上げ、乱獲の影響もすぐに出る。里山と同じように、人の営みが環境にはね返りやすい「里海」である。

日本海も水温上昇など環境変動の波に洗われ、イカの記録的な不漁といった沿岸漁民にダメージの大きい異変も起きている。ただ、冬場のシケに代表されるような人智の及ばぬ部分は瀬戸内海よりはるかに大きい。サザエにも角が生える日本海は奥山ならぬ「奥海」である。

第２章

忍び寄る危機

地魚を提供する沿岸漁業が縮小している。瀬戸内海全体の二〇二〇年漁獲量（養殖除く）の一二万五千トンは二〇年前の約半分である。海の中で何が起きているのだろうか。

激減に打つ手は…

タチウオ

売り場から消えた地元産

骨離れの良い白身は焼いてよし、煮てよし、鮮度が良ければ刺し身もよし。タチウオは鮮魚売り場で定番の地魚である。

小魚からエビまで何でも食べ、共食いもする大食漢。広島や山口へ回遊する群れは餌をよく食べ、腹が詰まり身が厚いとの定評があった。脂が乗る晩秋、ドラゴン級と呼ばれる身幅が指五本以上の大型の煮付けは舌がとろけるほどに美味である。

ところが近頃、スーパーで見かける切り身の幅はせいぜい指三本半程度まで。年を追って細身化している。それどころか例年なら漁が盛期に入る二〇一八年一一月、広島産のタチウオを地元の売り場でとんと見かけなかった。

海の中で何か異変が起きているのだろうか。この道二〇年の角好美《かどよしみ》さん（六六）を広島県尾道市因島洲江町の自宅に訪れたのは同年一一月中旬のことだった。

長さ約二〇〇メートルの糸に八〇本前後の針を付けて引くタチウオ漁は引き縄釣りと呼ばれる。モーターで糸を巻き上げながら銀色に輝く魚体を釣り上げ、針に餌を付けまた海へ。群れに当たれば目が回る忙しさと聞いた。

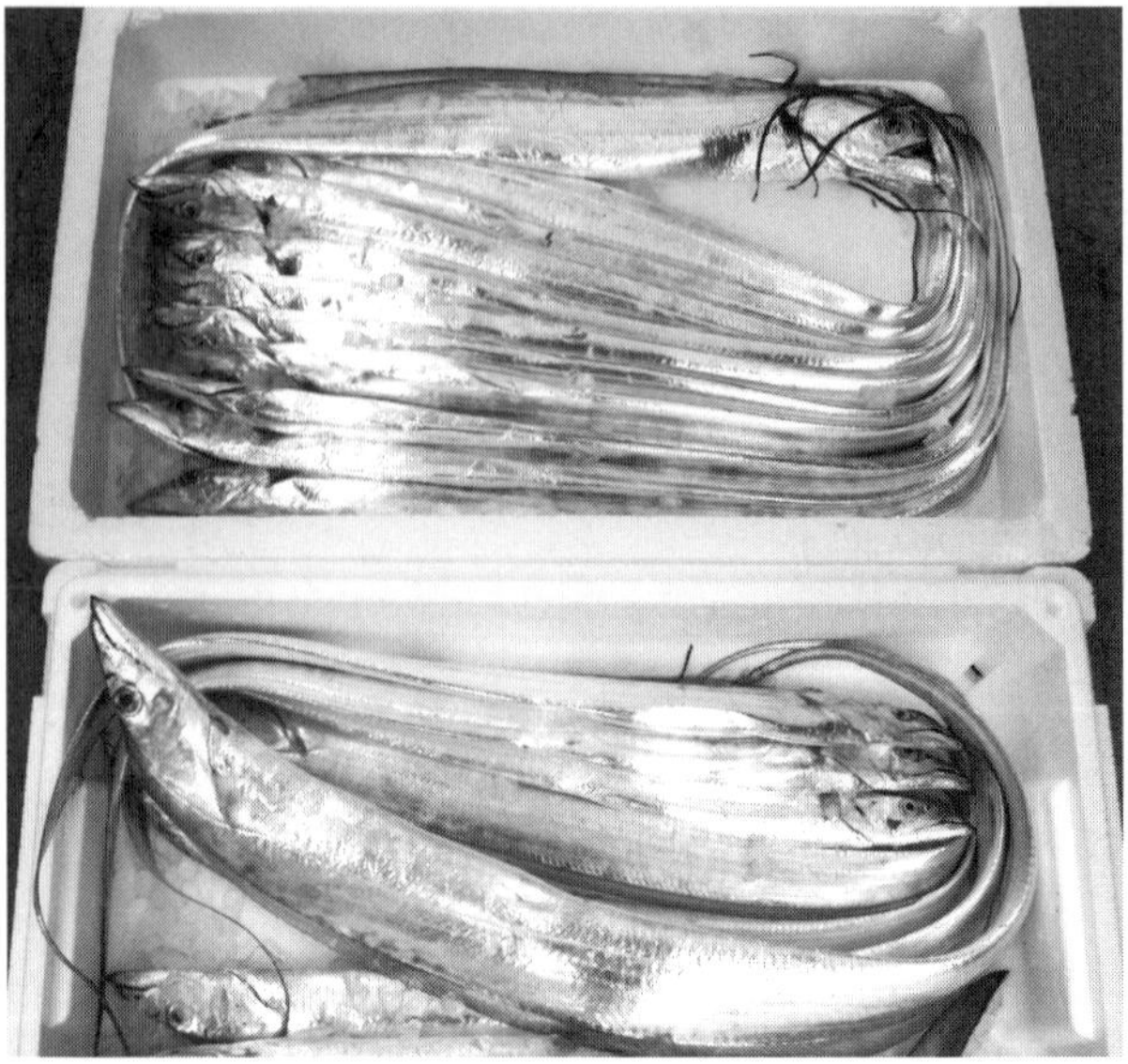

釣れた２箱のタチウオ。翌日、直売所に並ぶ

ところがこの日の漁獲は五キロ詰めの発泡スチロール製トロ箱二つだけだった。「去年までは一〇箱、悪くても五箱は釣れた。こんなひどい年は初めて」と角さんは言う。

タチウオは切り身にしてトレーに入れ、漁業者の名前入りの値札を包装ラップに貼った。指四本幅と飛び抜けて大きい一匹には一七五〇円の値を付けた。翌日には同市東尾道の直売所「ええじゃん尾道」に並ぶ。鮮度の良い魚を責任を持って提供し、漁師も利益を得る仕組みだが、それも漁があってこそである。

因島と並んでタチウオ漁が盛んな豊島《とよしま》（広島県呉市豊浜町）でも異変が起きていた。漁獲は二〇一二年度の四四六トンをピークに急減し、二〇一七年度は四六トン、二〇一八年度は一〇トン程度という。例年なら約四〇隻がフル操業する時期だが、大阪市場に直送してきた呉豊島漁協のトラックは動かない。

山口県内では周防大島町の安下庄《あげのしょう》漁港で一八隻がタチウオを釣る。こちらも二〇一六年度の漁獲七九トンが二〇一七年度は三五トンに減り、二〇一八年度は一七トン程度とさらに半減しそうである。

呉豊島漁協の北田国一組合長（七二）は「以前はこの時期、魚群探知機に入道雲のような群れが映っていた。カタクチイワシやイカナゴなどの餌が減ったせいか、それとも取り過ぎか、気候の影響か」。原因が分からないから打つ手がない。

タチウオ漁を乗船取材させてもらう予定にしていた日の前夜、角さんに電話して直近の漁模様を聞いた。「今日も出たが全く釣れん。明日は見合わせよう」とか細い声。二〇一八年一一月末のことである。

ならばと、次に出向いた山口県周防大島町でも一二月に入り不漁が続いていた。いつになったら取材ができるのか、と次第に不安になってきた。年末に近づいた頃、角さんからわずかだが釣れ始めたとの知らせ。一二月二六日、漁船に同乗した。

場所を変えても当たりなし

午前六時すぎに出港した蛭子《えびす》丸（二・七トン）は、まだ暗い島影を縫って進む。魚群探知機と衛星利用測位システム（GPS）が今は一つ画面に分割表示されている。前に釣れたポイントに直行できるGPSは「つい取り過ぎる」（角さん）道具である。

角さんは二五歳から父親に付いて網漁を始めた。マダイの値が下がり、二〇年前にタチウオに移った。妻（五九）も時に同乗するが、普段は一人の操業。息子三人は後を継がなかった。

実は、自身も最初は漁師になる気はなかった。「魚の値段が良い頃、もうかると勘違いした」と笑うが、青年漁業者の地元世話役を経て全国漁青連会長も務めた。魚青連の活動を通じて消費者と向き合うことの大切さを知り、今は漁獲の大半を直売所に出す。広島市内の大学で毎年、漁業と食育についての出前授業も続ける。

船は佐島（愛媛県上島町）沖の漁場に着き、夜明けを待つ。因島にタチウオ釣りは約三〇隻いるが、不漁のためこの日は一〇隻だけ。「きのうも駄目じゃった」「食わん食わん」。嘆き節が流れてくる漁業無線がぴたりとやんだ。午前七時すぎ、どの船も引き縄を海に入れ始めた。

水深六〇メートル。ワイヤの先に針七〇本を付けた長さ約二〇〇メートルのナイロン糸を繰り出した角さんは海底からやや上にタナをとり、半クラッチを踏んで船をゆっくり滑らせる。タチウオは上に向けて餌を追うからだ。

右手でスロットルとかじ、左手で巻き上げ機を操作して糸をたぐり寄せた。何もかかっていない。二回目も当たりなし。餌が外れた針にイカナゴを付け替え、場所を変えた三回目、四回目も駄目。「こう食わんのじゃ仕事にならん」。角さんのぼやきが止まらない。焦りがこちらにも伝染してくる。

西に芸予諸島、東に笠岡諸島、南には石鎚の山並みが望める。燧灘《ひうちなだ》は角さんにとって庭先のような海である。

この海域でタチウオを追って二〇年になるが、初めて経験するような不漁である。当方が同乗した日も、船から引き縄を緩やかに引いては巻き上げる漁を夜明けから繰り返すこと三時間余り。場所や引き方を変えても釣果はなかった。

もうだめか。角さんも当方も諦めかけていたころ、七投目でやっと手応えがあった様子。巻き上げた糸の先に大きな銀色の魚体が躍る。最初に一・二キロ、次に一・五キロ。いかつい顔つきからドラゴン級と呼ばれる身幅五本指以上が二匹上がった。弓削島（愛媛県上島町）沖である。

やっと釣れたタチウオを手にする角さん

角さんの笑顔はこのときだけだった。一〇年前の同じ時期、この海域で五キロ入りトロ箱二〇～三〇箱は釣れたこともあるという。「回遊自体がなくなったのか。この二匹は（回遊群でなく）漁礁に付いているタチだろう」

国内の主なタチウオ漁場は一九八〇年代、東シナ海から瀬戸内海に移った。暖かい黒潮が流れ込む豊予海峡と紀伊水道付近に大産卵場がある。産卵は五月から一一月まで続き、一年で半数が成熟する。春に餌を求めて内海に入り込み、水温が下がる一一月以降に東西の水道と海峡方面へ戻るらしい。

科学的な検証が必要だが、燧灘までは豊予海峡付近から西の系群が来るようである。西系群は毎年四月半ばごろに豊島《とよしま》（広島県呉市豊浜町）沖の斎灘《いつきなだ》に現れる。燧灘に入るのは五月の大型連休明けから。角さんは四月下旬、芸予諸島中央部の宮窪（愛媛県今治市）で袋待ち網を仕掛けている漁師に連絡を取るのを習わしにしている。二〇一八年の四月末、宮窪情報も「全然だめ」だった。

角さんによれば、群れは燧灘の中も移動するという。最初は弓削沖、秋の初めは広島県福山市沖の浅場に群れ、水温が下がる晩秋はやや深い弓削島、佐島沖に移る。そして年明けの一月半ばまでには西へ戻る。その回遊がなくなれば漁業者には大打撃である。

改良重ねた引き縄釣り

漁港から山腹まで家並みが連なる。雨の日には傘を広げて行き交うのが難しいような路地が張り巡らされている。豊島《とよしま》（広島県呉市豊浜町）はタチウオ引き縄漁の発祥の地である。地先の漁場が狭いこの島の漁師は「家船《えぶね》」と呼ばれる船に寝泊まりし、主に夫婦で瀬戸内海各地から五島、対馬、能登まで出かけて行った。

「ここの漁師ぐらいさえん商売はなかろう。よそに行けば怒られる。子どもとは離ればなれ。人より余計に働かんといけん」と現役時代の苦労を語る西中安彦さん（七四）。うなずきながら「じゃが、もうかった」と西道豊さん（八六）は表情を緩めた。

　釣れたタチウオを船上で大きさ別に仕分けし、発泡スチロールのトロ箱に五キロずつ氷詰めする方式も豊島が始まりとされる。「多いときは一日八五箱」「最高一〇〇箱。飯食う暇もなかった」。

西道さん㊧と西中さん

三〇～四〇年前の黄金時代を経験した二人である。
　西道さんが知る一九六〇年代の漁は、針を付けた縄をエンジンスローで引いて手で巻き上げた。紀伊水道まで出漁した者が、手動のドラム式巻き上げ機を使う兵庫県淡路島の漁師に出会う。数十本の針付きテトロン縄を短時間で巻き上げるこの装置をまねたのが改良の始まりである。
　西中さんが始めた一九七二年ごろは手動ドラム時代。豊島の漁師たちは縄をワイヤに替えて豊後水道の深場にも届くようになった。ワイヤは重いため長崎のメーカーに電動巻き上げ機を発注する。ワイヤを繰り、その先の縄と獲物のタチウオを繰るモーター二基を船端に据え、一人で操業できる画期的な引き縄装置が完成した。一九七〇年代後半のことである。

当時、豊島からの県外出漁は約四〇〇隻。土地の漁師に遠慮して良い漁場を譲っても釣れるように腕を磨いた。各地の情報も交換し合う。そんな努力の積み重ねがタチウオ釣りを確実に稼げる漁にしていった。

豊島の漁師たちは西瀬戸内海の各海域に出漁し、漁場を使う見返りに地元漁師に釣り方を伝授した。西道さんは大分や山口方面で、海底から縄をゆっくり上げて餌を食わせるこつを教えた。「初めは機嫌良く迎えてくれる。じゃが、自分たちが覚えたら邪魔になる」。釣りは「自由漁業」と呼ばれ、どこでもできるのが建前だが、やはりよそ者の悲哀を味わった。

豊島流のタチウオ引き縄釣りは一九八〇年代、西瀬戸内海の各地に広まる。それでもタチウオ資源の絶対量が多く、豊漁は続いた。瀬戸内海では一九九〇年代まで年間二万トン前後の漁獲量があった。

二〇〇〇年以降、漁獲に陰りが見え始める。各地で長年、タチウオを釣った豊島の西道さんや西中さんはこの頃、愛媛県や広島県の海域でタチウオを取る底引き網漁船を多数目にした。「あれで根こそぎやられたなあ」。稚魚までごっそり取る網漁は、釣り漁師には脅威そのものだった。

店頭のタチウオには二種類ある。表面全体が銀色に輝いている釣り物と、筋状の傷が付いて光沢が所々剝げているのが網物で、違いは見た目ですぐ分かる。釣りと網は海の上でも常に競合関係にある。

冬場にタチウオは一カ所に固まる習性がある。二〇一〇年一月末には漁網に入ったままのタチウオ約三トンが呉市蒲刈沖で漂流し、呉海上保安部の巡視艇がえい航する騒動になった。広島県安芸郡の巻き網漁業者が「漁網が裂けて水没した」と名乗り出た。以前はよく取れたアジ、サバの不漁が続き、タチウオを狙ったようだ。

呉市沖で漂流する漁網に入った大量のタチウオ（呉海上保安部提供）

不漁の連鎖と言うべきか。タチウオの二〇一七年の瀬戸内海の漁獲は三六〇〇トンと盛期の二割以下にまで落ち込んだ。広島県沖では網で狙えるような群れも消えてしまった。

豊島では「家船《えぶね》」と呼ばれる船に寝泊まりして遠くに出漁する漁師は減り続け、近海での日帰り操業が中心になってきた。二〇〇九年に呉豊島漁協への共同出荷が始まり、トラックで大阪市場まで直送する体制を整えた。「豊島タチウオ」のブランド化を目指す量から質への転換である。

しかし、出漁中の親と離れて寂しい思いをした豊島の子どもたちは漁業を継がなかった。加齢による引退者が相次ぐ中、呉市の制度を利用して島外から新規就業漁業者の募集を始めた。二〇一一年度以降、遠くは千葉、長野県から計一〇人が移住して中古漁船を安く譲り受け、タチウオ漁に携わり始める。

ところが、漁が次第に振るわなくなった。同漁協のタチウオ漁獲は二〇一二年度の四四六トンから二〇一八年度は一〇トンへ急減する思いもよらない事態である。昔の漁の話を取材した二日後、西中さんから電話があった。「わしらはもう終わったからええが、若い人たちのことが心配でならんのよ」

Iターン漁師の苦闘

背中に「豊島《とよしま》タチウオ」のロゴマークが入った法被姿の男たちが、揚げたてのタチウオ天ぷらを売っていた。二〇一九年二月一一日、呉市中心部での呉水産祭りに参加した呉豊島漁協青年部の面々。島に移住した新規漁業就業者いわゆるIターン漁師たちである。

天ぷらを揚げ続けた折出《おりで》満さん（四二）は元調理師。広島市内の勤め先では頑張るほどに休みが減り、給料は上がらなかった。独立してできる仕事を求め二〇一四年、タチウオ引き縄釣りの漁師に転身した。

縁のなかった豊島（呉市豊浜町）に移り、中古船を三〇万円で譲り受けた。市の一時金一〇〇万円や研修中の生活支援に支えられ、翌二〇一五年に独り立ちする。イラストレーターの妻（三二）も合流し、一年目の水揚げは二五〇万円。群れに当たって五キロ入りトロ箱一三箱を釣った日もあった。

引き縄を操る腕は年々上達したと自分でも思う。ところが水揚げは二年目一五〇万円、三年目八〇万円と減る一方。四年目の二〇一八年は九〇日間漁に出たが、釣れない日が多くて二五万円と一年目の一〇分の一だった。

不漁の海に見切りをつけ、その秋から島内の山に通い始めた。耕作放棄されたレモン畑で収穫作業をし、新しい苗も植えた。土建業のアルバイトもして家計の足しにしている。

消防団や祭り保存会に加わり、後継者難の漁村にすっかり溶け込んだ。集落内を歩いたら顔なじみの住民から声がかかり、両手がもらい物でいっぱいになることもあるという。「島では自販機で金を使うくらい。せめて一年目ぐらい釣れるようになれば」と漁の回復に望みをつなぐ。

祭りでタチウオ天ぷらを売るIターン漁師たち

呉市の支援制度で漁師になったのは二〇一一年度から計一〇人、家族を含めると計二〇人に上った。若い移住者が楽しく漁師をしている様子を見て志願するような好循環が続いた。ところが想定外の不漁続きで、二〇一七年以降二人が島を去った。残る八人は春先のヒジキ採りや素潜りのサザエ採り、広島県に委託されたマダイ中間育成などの副業でしのぐ。

最年長の白石康夫さん（五八）は二〇一五年、会社を早期退職して長男（二九）と一緒に漁師になった。売り上げ目標に追われた日々に比べ気は楽だが、生活は不漁で苦しい。二〇一八年からタコつぼ漁やアワビ養殖にも乗り出し、赤字暮らしからの脱却に懸命である。

タチウオの資源動向が不透明だから、奮闘の先の安定が見えにくい。折出さんは子どもをつくって育てる自信は持てないでいる。

豊予海峡の深場に大産卵場

タチウオは春先、豊予海峡付近から餌を求め燧灘《ひうちなだ》まで瀬戸内海を回遊するとみられている。広島、山口県で漁獲が減った理由を探るには、この海域に目を向けざるを得ない。

豊予海峡は大分県関崎と愛媛県佐田岬に挟まれ、瀬戸内海の海水の大半がここで入れ替わる。海峡の南にダマ、北にフカリと呼ばれる水深二〇〇メートル以上の深場があり、この付近にタチウオの大産卵場がある。産卵は五月から一一月まで続く。

海域で卵調査を続ける大分県農林水産研究指導センターの水産研究部によれば、産卵群は一〇〇メートルより深いゾーンに限られてきている。海峡より北の瀬戸内海側はフカリを除いて激減したという。産卵場には親魚が群れており、漁獲量に直結する。

同県が全国一の四〇四三トンを記録した二〇〇七年に二八七〇トンあった海峡北（瀬戸内海）側の漁獲は二〇一七年に二三〇トンと一割以下に。同時期に一一七三トンから三八七トンに減った海峡南（豊後水道）側に比べて減少幅が大きい。

愛媛県の佐多岬から望む豊予海峡。対岸は大分県佐賀関付近

漁獲減のあおりを受けたのが姫島（大分県姫島村）や国東半島の漁師たちである。姫島の漁船一〇隻余りは地先の海から消えたタチウオを追って南下し、秋から年明けまで佐賀関（大分市）の港を借りて操業している。

姫島の大海満幸さん（四五）はこの時期の佐賀関行きが五年連続である。どこでも釣れて父親が「海のごみ」と呼んでいたタチウオがいなくなった理由を「増える量より取る量が多すぎた。乱獲だと思う」。自分たちの引き縄釣りに加え、網で親も子も根こそぎ取ったことが大きいとみる。

二〇〇七年前後から愛媛の底引き網漁船が大挙して海峡北側に来た。それに代わり今は豊後水道での大中型巻き網漁船の操業が問題になっている。

大分県は二〇〇九年にタチウオの資源回復計画を策定したが、状況は悪化の一途をたどる。同県水産研究部が二〇一六年時点で推計した同県タチウオ資源量は八四九トンで、現状の漁獲圧（取り方）を四五％削減しないと資源量は維持できないという。取る量を減らすしかないとの結論である。

大型巻き網　小型魚もごっそり

豊後水道に面した大分県臼杵《うすき》市はタチウオ漁が盛んで、三八隻が豊島《とよしま》（広島県呉市豊浜町）伝来の引き縄釣りをする。二〇〇七年に五〇〇トン近くあった漁獲量はしかし、二〇一七年に二二六トンに減り、二〇一八年は一二七トンと前年から四四％も落ち込んだ。

なぜこんなに減ったのか。二〇一九年一月末に話を聞いた臼杵地区漁業運営委員長の小松兼丸さん（六四）は、小型魚まで取る大中型巻き網漁船の操業をいの一番に挙げた。「昨日も海に出たが、巻き網を揚げた後に海一面に小さなタチウオが浮いていると漁業無線で流れてきた。われわれ釣り漁師は小型魚を戻しているのに」。資源保護のため二〇〇グラム未満は海に戻すのが釣り漁の申し合わせという。

寒くなると深場に集まるタチウオを一網打尽にする巻き網漁は、資源の枯渇を招くとして釣り漁師の批判の的である。網船（八〇トン）と探査船からなる愛媛県南部の二統が二〇一〇年から豊後水道で取り始めた。網を巻く際、圧死した一部の小型魚がどうしてもこぼれてしまうという。

豊予海峡を挟んだ対岸の佐田岬に近い愛媛県伊方町の三崎漁協を二〇一九年二月初めに訪れると、阿部吉馬組合長（六五）は巻き網漁船が基地にする八幡浜市場（同県八幡浜市）の前々日のデータを示した。タチウオの水揚げは成魚六・四トンとヘボタチと呼ばれる小型魚四九・二トンで、

操業中の大中型巻き網漁船の周りに小さなタチウオが浮かぶ（漁業者提供）

実に八八％がヘボタチだった。
　三崎漁協のタチウオ釣り約二〇隻の漁獲は二〇一七年の九八トンが二〇一八年は六五トンに減少した。同漁協の釣り漁の一年分近くを一日で漁獲する巻き網漁の規模の大きさが分かるが、将来大きくなる小型魚の漁獲を阿部組合長は問題視する。「ヘボタチの漁獲を制限しないと先はない。こんなことを許せば漁村から漁師はいなくなる」と危機感を募らせる。
　大分県漁協佐賀関支店（大分市）のタチウオ一本釣り協議会長の柏原秀行さん（四三）は二〇一九年二月初め、豊予海峡南のダマと呼ばれる深場海域で巻き網漁船と遭遇した。「魚探の反応が出ていた海域に巻き網が入り、網揚げ後は小さなタチウオが点々と浮いていた。その後は漁に出ても全く釣れなくなった」
　三〇隻余の引き縄漁船がいる同支店でも二〇

一七年九六トンのタチウオ漁獲が二〇一八年は六六トンに減った。若いIターン漁師が八人いるが、習熟途上のため不漁の影響をもろに受けている。柏原さんは「これで中学、高校生の子ども二人を育ててきた。生計を立てることができた漁だけに資源保護策を急いでほしい」と訴える。

四国最西端の佐田岬半島の南側付け根にある八幡浜漁港（愛媛県八幡浜市）は大中型巻き網漁船の基地である。網船と探査船からなる船団の二統がタチウオを水揚げし、八幡浜漁協が卸として扱う。

アジ、サバ漁が振るわないため二〇一〇年からタチウオを狙い始めた。一二月から翌三月まで豊後水道で操業し、「韓国など海外向けの単価が高く、今一番お金になる魚種」と同漁協市場部の飛彈浩司課長。一統当たり約二〇人が従事する巻き網漁船が潤うだけでなく、冬の魚市場の漁獲の柱にもなっている。

よく網を入れるのは豊予海峡南のダマと呼ばれる水深二〇〇メートル余りの深場。タチウオの主要な産卵場で、引き縄釣り漁船に遊漁船やプレジャーボートも入り乱れる網代である。冬場は浅い所に小型魚が群れ、深い所に成魚がいることが多い。

巾着と呼ばれる巻き網は、網の下部を絞って上下層の魚群を総ざらいする。このため漁獲の六割弱をヘボタチと呼ばれる小型魚が占めてきた。釣り漁師が懸念する資源枯渇の前触れなのか、かつて二〇〇トン台だった漁獲が二〇一八年は一〇〇トン以下へ急減した。

三崎漁港に水揚げされる釣りタチウオ

二〇一九年は一月から始めて量的には一〇〇トン前後になりそうだが、小型魚の比率がさらに上がっている。ヘボタチも韓国送りはキロ一〇〇～一三〇円以上の値が付く。旺盛な海外需要が小型魚中心の漁を誘導している面もある。すり身用に地元消費もされてきたが、高値が続いて今はそこまで回りにくいという。

豊予海峡を挟む愛媛、大分両県の釣りと巻き網の漁業者によるタチウオ資源保護の試みも二〇一四年から始まった。大中型巻き網は日中操業を三回から二回に減らして大潮の四日間は休漁、釣り漁業者は春の産卵期に一〇日間休漁などが柱である。

しかし、その成果は目に見えず漁獲は減る一方である。釣り漁業者らは大中型巻き網の許可者の水産庁へも厳しい目を向ける。三崎漁協の阿部吉馬組合長は「狭い海域の資源を本来は外洋でやる漁法で大規模に取るのはいかがなものか。せめて許可範囲を狭めるよう水産庁に要望したが聞いてもらえない」と不満を漏らす。

回遊魚だけに一県だけの対応には限界がある。大分、愛媛両県は国主導の広域的な資源管理を水産庁へ重点要望し、広島県など瀬戸内沿岸各県も足並みをそろえる。「次に打つ手は資源回復を図るための休業補償の適用しかないのでは」という声も出始めた。

韓国送り　乱獲の連鎖も

大分県漁協佐賀関支店（大分市）には毎朝、前日に出荷したタチウオの値段を知らせるファクスが福岡市場から入る。引き縄釣り漁師の柏原秀行さん（四三）は「韓国向けに売れた品は、おおよそ分かる」と言う。一二本で五キロという良型なら九千円から一万円と国内向けの倍近い値が付くこともあるからだ。

韓国でタチウオは日本以上に人気の高級魚である。東シナ海・黄海で中国漁船が大量に取ることもあって韓国内の漁獲は減少し、一九九〇年代後半以降は日本からの輸入を増やした。福島原発事故後は一時減ったが、二〇一四年には鮮魚だけで約一一〇〇トンを日本から輸入。日本のタチウオ漁獲量が六三〇〇トンに減った二〇一七年でも、輸入量は鮮魚、冷凍合わせて千トン近いとみられる。

大分県漁協では佐賀関、臼杵《うすき》、姫島支店が共同で毎夕、タチウオを福岡市場にトラックで直送している。韓国を中心に中国、台湾など海外向けが約六割というから、二〇一七年には約二〇〇トンが輸出に回ったことに。韓国内の豊不漁で値は変動するが日本国内向けより高値で、漁獲減に苦しむ漁業者の生計を支えている。

韓国では日本にない食べ方としてチゲ鍋やキムチに使う。このためへボタチと呼ばれる小型魚にもキロ一〇〇円以上の値が付き、資源にダメージの大きい小型魚の乱獲を招く。

山口県下関市中心部の波止場に毎朝、釜山から水産物運搬船が着く。取材した二〇一九年一月末、アナゴやタイラギ貝柱などのケースを荷下ろし中だった。福岡市場でバイヤーの手に渡ったタチウオも、この船の帰り便で運ばれることが多い。大分で水揚げされてから最短一日半で釜山に届く。

水産物流通に国境の壁がなくなると乱獲も連鎖する。タチウオの場合も、品薄となった海外に輸出するために今度は国内で取りすぎる資源減少ドミノの様相を呈している。日中韓で資源管理を考えていくべき時ではなかろうか。

輸出向けで漁業者は稼げても、地魚のイメージからは程遠い現実もある。福岡に直送するため大分県では地元にタチウオが出回りにくい。臼杵市ではすり身を学校給食に出したが、相場が高すぎて一回で終わった。

広島、山口県ではタチウオはまだ地魚である。山口県周防大島町では銀色の皮を表に刺し身を盛りつける「鏡盛り」、豊島《とよしま》のある呉市ではタチウオだしによる「豊島ラーメン」が名物となっている。ただそれも漁獲あってのことである。

豊予海峡で休漁　資源保護が必要

先に取った者勝ちのルールの下、枯渇の危機が忍び寄る瀬戸内海西部のタチウオ資源をどうすれば回復できるのか。

愛媛県佐田岬に近い三崎漁協（伊方町）の阿部吉馬組合長は二〇一七年に休業補償について水産庁の職員に打診したことがある。「巻き網が休んだら私ら釣りも休むよ」と。返ってきた答えは「そこまでの補助金はありません」だった。

だが、国は二〇一九年度に約七〇年ぶりの水産業改革に乗り出すことで事情は変わってきた。「新たな資源管理措置への移行に伴う減船、休漁で影響を受ける漁業者や加工業者への支援」の原資五四億円が予算に盛り込まれた。

新政策下での水産庁の考え方を二〇一九年三月、瀬戸内海漁業調整事務所（神戸市）で山本隆久調整課長に聞いた。

これまでも漁業者の訴えを聞いてきた山本課長はタチウオの広域的な資源管理の必要性を認め、「どんな進め方が適当か検討を始めた段階」と言う。ただし財源面で可能になった休業補償にはハードルが幾つかあるようだ。

まず、タチウオの資源状況に関する科学的な根拠が必要となる。調査研究は大分県が進んでおり、愛媛県も力を入れ始めた。系群は大分県の一九九〇年代の標識魚調査で豊予海峡付近から一部は燧灘《ひうちなだ》まで回遊することが分かったぐらい。西部ほどではないが減少傾向の瀬戸内海東部の系群も含め全体像は未解明である。

タチウオを取る全ての漁法の漁業者や行政の意思統一も要る。休業するなら巻き網や釣りに加え底引き網漁業者も巻き込まねばならない。瀬戸内海西部の二〇一七年市町村別漁獲量トップは底引き主体の愛媛県今治市の三四一トン。今治市漁協によれば二〇一八年は半減以下、二〇一九年は「姿も形も見えない」ほどかつてない不漁と言い、資源激減をうかがわせる。

釣り人の人気魚種でもある。遊漁船やプレジャーボートが多いときは一〇〇隻近くも網代に集まり、漁業者とのトラブルが絶えない。各県の漁業調整委員会による規制などで釣り客の協力を得ることも課題となる。

水産庁が主導した瀬戸内海の資源回復の成功例としてサワラがある。二〇〇二年から漁業者、府県がスクラムを組み、小型魚を逃がす網の目合い拡大、秋季休漁、稚魚放流を続ける。

タチウオについても「早く資源状況を明らかにし、資源管理へと進みたい」と山本課長。その前提となる国、各県の研究機関による広域的な調査体制づくりが急務である。残り時間はそう多くはない。

港はずいぶん立派になったが魚は減った。各地の漁港を巡っての率直な印象である。漁港整備費の一部を持続性のある漁業を目指す方向になぜ振り向けることができなかったか、残念にも思った。

富栄養化防止策で海がきれいになり過ぎて魚の餌が減ったとの声をよく聞いた。それも当たっていよう。ただ、高出力エンジンにハイテク機器を備えた今の漁船に対し狭い海域の漁業資源はあまりに脆弱《ぜいじゃく》であることも確かだ。資源を適切に管理しないと取り尽くしてしまう。
瀬戸内海西部のタチウオにも当てはまるだろう。豊予海峡を挟む大分、愛媛両県の漁獲は個体数の発生が多かった二〇〇七年に計七千トン余と近年のピークを迎えた。その後、小型魚も含めて取り放題を続けた結果、二〇一七年は一六〇〇トン余、二〇一八年は千トン程度にまで減りそうである。

瀬戸内海のタチウオは多くの漁業者の生計を支えてきたが、水産庁の資源評価の対象魚種ではない。不漁の背景にある資源の現状について取材を始めると、研究者も研究の蓄積も少ないことに驚いた。

唯一、長年にわたって調査研究してきた大分県の水産研究部によれば、主な産卵場は近年、一〇〇メートルより深い海域に限られるという。「資源が多くて高密度のときは産卵に適した深場以外にも親魚が拡散していた。資源が減ってからは深場だけに集まるようになった」と同部の内海訓弘主幹研究員はみる。

広島県沖への回遊群にこの「拡散論」を当てはめてみよう。資源が豊富で密度が高い時代には豊予海峡や伊予灘付近から群れが押し出されるような形で斎灘《いつきなだ》から燧灘《ひうちなだ》まで餌を求めて回遊していた。資源が減るにつれて回遊も減った。そんな想定ができる。

回遊群以外に地付きのタチウオもおり、燧灘南西部の今治沖の群れは独立系群に近いとみられる。来島海峡南東の最大水深一六五メートルの深場で産卵している可能性があるが、資源量は急減しているようだ。

これらを総合してみると、まず主要産卵場の豊予海峡付近で補償を伴う休漁などの資源保護策を強力に進める必要がある。この海域で親魚の密度が高まると、内海へ向けての拡散、回遊も復活するのではなかろうか。

以上はまだ推論である。水産庁や関係各県が協力して科学的な究明を急ぎ、漁業者を巻き込んで資源管理に踏み出すべき時だろう。枯渇してからでは手遅れである。

希少化する天然物

トラフグ

「うまみ断然」でも養殖の一割

フグには毒がある。四二〇年余り前に豊臣秀吉が命じた朝鮮侵攻の際、九州北部に集結した兵士たちの多数が素人料理で中毒死した。以来、フグ食はおおむね禁じられた。

転機は一八八八（明治二一）年。初代総理大臣の伊藤博文が下関で食べてその美味に感嘆したとのことで、山口県から解禁された。今は安全に食べられるように都道府県ごとに調理師免許制度がある。

食通の芸術家北大路魯山人によれば「ふぐの美味《うま》さというものは実に断然たるもの」で明石だいやすっぽんなどは比較にならないという。「三、四度も続けて食うと、ようやく親しみを覚えてくる。そして後を引いてくる。ふぐを食わずにはいられなくなる」と書いた。

魯山人が生きた六〇年余り前まではトラフグが近海でよく取れた。しかし昭和が終わる三〇年余り前から漁獲量は減り続ける。代わりに同じ頃から養殖物が増えた。二〇一八年には養殖四一六六トンに対し天然は約一割の四〇〇トン未満とみられる。

天然物と養殖物はどう違うのだろうか。後を引くほど親しむ機会が多くない当方にはよくは分からない。フグ専門の南風泊《はえどまり》市場がある本場下関で聞いてみた。

同市場を営む下関唐戸魚市場の見原宏社長は養殖物の質について「出始めの頃に比べ餌の改良などで格段に向上した」と評価する。刺し身では差が分かりにくいレベルに近づいたようである。ただ、仲卸の畑水産の畑栄次社長によれば「天然は、だしのうまみが違う。白子（精巣）の味も濃厚」。やはり物が違うようである。

天然トラフグといえば山口県周南市の粭島《すくもじま》がはえ縄漁発祥の地である。南風泊市場に一九八〇年代半ば、瀬戸内海の天然物が多い年は千トンも持ち込まれた。それが二〇一〇年代は年二〇～四〇トンに落ち込んでいる。

周防灘沿いの漁港を訪ねては乗船取材を依頼した。「乗ってもろうてもシロサバフグしか釣れんから」と断られ続け、諦めかけていた。そんな折の二〇一九年一二月上旬、サワラ漁の取材で岩国市漁協の松浦栄一郎組合長（四九）の船に乗ると、無造作に積み重ねられたはえ縄の漁具が目に入った。「鉢」と呼ぶ直径六〇センチ余りの円筒形容器の縁に一〇〇本ぐらいの針を引っ掛け、中に幹縄が収めてある。

アナゴはえ縄よりはるかにごつく、かみ切られないよう針の少し上に針金が付いている。フグはえ縄である。「秋から冬の漁で、一回で五、六匹は上がる」とのこと。その場で松浦さんに頼み込み、一二月一〇日の再乗船となった。

米軍戦闘機が爆音を響かせ頭上をかすめて行く。米軍岩国基地の沖合は岩国市漁協の組合員しか操業できない海域である。山口、広島県境がある無人島の甲島《かぶと》がすぐ沖に見える。

ここで秋から冬にトラフグはえ縄漁をするのは松浦さんだけである。一鉢に針一〇〇本余りが八メートル間隔で付いており、最多で一五鉢を海に入れる。

鮮魚店も営む松浦さんはこの日朝、イワシの切り身を付けた七鉢分の針を投入した。それでもはえ縄の総延長は五キロ余りに及ぶ。日常の仕事を済ませて正午すぎ、当方を船に乗せて縄上げ作業に出た。

2キロ級のトラフグ。この後、針から外れて逃げた

ローラーで上がって来るはえ縄を固唾《かたず》をのんで見守る。二鉢目で一キロ余りのトラフグ一匹が上がった。三鉢目の途中で「これはでかいよ」と松浦さん。海面から浮かんできた釣り糸の先のトラフグに向けカメラのシャッターを何度か切った。

次の瞬間、獲物は針から外れて再び海へ。「しもうた。二キロはあったのに」。撮影協力のためタモの使用を控えたのが裏目に出たようだ。下関の南風泊市場で一二月はキロ一万五千円するから三万円分を取り逃がした。

すぐ後に二・五キロ、四鉢目では一キロ級を今度はタモで慎重に取り込んだ。五鉢目から縄が切れていた。貝や甲殻類をかみ砕いて食べるトラフグの鋭い歯の仕業だろう。鎖を海底に沈めて縄を絡め取ろうと繰り返し試みるが果たせず、諦めて帰港した。撮影向けサービスが招いた失敗を申し訳なく思った。

翌朝、松浦さんから電話がかかってきた。弾んだ声で「今、切れた縄を上げたら四匹掛かっとった」。二・五キロ一匹、一・二キロ二匹、一キロ一匹の計約六キロ。「すごい」。こちらの声も思わず大きくなった。

松浦さんが山口県平生町の漁師からこの漁を習得した一八年前頃、一回で二〇〜三〇匹上がった。今は三分の一程度に減ったが、瀬戸内海の他の海域に比べればはるかにましである。錦川からの養分に恵まれ、フグ縄漁師が一人しかいないことも資源温存に役立っているように思える。

瀬戸内から外海出た後に産卵回帰

広島県尾道市の向島と因島に挟まれた布刈《めかり》瀬戸はトラフグの有数の産卵場である。ここで産まれて外海で大きくなった親魚が四月末から五月初めに帰って来る。雄が雌を追いかけ回し、潮通しの良い砂地の海底に産卵、受精させる。

一九九四年春、当時の水産庁南西海区水産研究所による親魚の標識放流をこの海域で取材したことがある。放たれた親魚は二、三カ月後に玄界灘、五島灘や志布志湾などで、翌春には布刈瀬戸の近くで再捕獲された。餌が豊富な外海への移動と産卵回帰がほぼ確かめられた。

「昔は春のフグは季節外れで売り物にならず、網を破る迷惑者だった」。その折に同市吉和漁協の山本正直組合長から聞いた話である。コールドチェーンが発達した一九七〇年代後半に事情が一変した。産卵回帰する親魚を取って冷凍保存し、冬の大阪市場に出すようになったのである。

見向きもされなかった春のフグが「最も値が出る魚」となり、一九八〇年代に乱獲が進む。「てっさ」「てっちり」ブームの裏側で、内海と外海を往復する産卵回帰の営みは細くなった。一九九〇年代には資源回復に向け水産庁や各県は人工種苗の放流尾数を増やし、生態の研究も進めた。そのさきがけが親魚の放流調査だった。

「想像以上に広く動き、高い確率で産まれた海域に戻ることが分かった」と南西海区改め瀬戸内海区水産研究所の片町太輔主任研究員。周防灘への放流魚が北陸沖の日本海で取れるなど、瀬戸内海や九州北部に放流した人工種苗も同じように回遊し、産卵回帰していた。

生活史も分かってきた。内海や湾で産卵、ふ化した仔魚《しぎょ》は河口域などの干潟に着底。小型甲殻類などを餌に七月ごろには七センチ前後になり、秋に沖へ出る。冬に二五センチ前後に育ち、よく網に入る。吸い物や唐揚げが美味な「こぶく」だが、資源保護の面からは問題の多い食べ方である。

山口県は二〇一七年から二〇センチ以下の採捕を瀬戸内海で禁じ、他県も小型魚の自主的な再放流へと動いている。種苗放流も高水準で続くが、漁獲量は減り続けている。

黄海の大漁　今は幻

山口県周南市の中心部から車で南へ三〇分。半島突端の短い橋を渡るとフグ漁発祥の地と呼ばれる粭島《すくもじま》に着く。トラフグにかみ切られないよう釣り針の根元に針金を使うはえ縄漁具がこの島で明治時代に考案された。

はえ縄漁具を携え粭島の漁師たちは東日本沿海にまで出漁した。一九六五年に日韓漁業協定が結ばれると、韓国西岸沖の黄海も漁場になった。高度経済成長期の美食志向を追い風に、トラフグ漁は一九七〇年代に黄金時代を迎える。

粭島生まれの末田真治さん（六九）は一八歳から父の漁船に乗った。黄海での漁は秋から春先まで下関を母港に一航海が四〇日程度。三二トン漁船の乗員八人を親戚で固めた。木箱に釣れたトラフグ七、八匹を氷詰めにして、最後の方は生かして持ち帰った。多いときは一航海で

粭島発祥のはえ縄漁具。釣り針の根元に針金が付いている

なんと千箱が取れた。

島の若い男は当時、みな船に乗った。「高卒初任給が一万数千円の時代に何十万円も稼げるんじゃから」。二〇〜三〇トン級の一〇隻が黄海に出漁し、小さな島はフグ景気に沸いた。

日本海側の同県萩市越ケ浜もフグはえ縄漁の拠点である。海に投入しやすいよう針金二本を連結させて針をつるす松葉方式がここで開発された。

一九七〇年代には五〇トン級のフグはえ縄漁船が漁港にひしめき、夏の休漁期は萩の飲食街がにぎわった。山本亀吉さん（七二）は二〇歳の頃から一五年間、親戚や兄の船で黄海に出た。「はえ縄を入れるたびに重たいくらい釣れた。一カ月の航海で一千数百万円の水揚げがあった」と振り返る。

一九八〇年に中国側の立ち入り禁止水域への侵犯事件が起きて黄海の漁は暗転する。侵犯操業の現場は北緯三八度線近くの海上で、「一隻が中国側水域の奥に入ると後からみんなが続いた」と山本さん。日中間の外交問題に発展し、山本さんが乗る船も含め一〇〇隻近くが停泊処分というペナルティーを科せられた。

ほぼ同じ頃、末田さんの船も威嚇射撃を受けたことがある。「日本漁船があわてて三、四隻寄り合ったところへ軍艦が来て『日中友好万歳』と電光掲示した」と記憶している。日中平和友好条約が締結され、中国の改革開放路線を日本が円借款で支援していた時代のことである。

日本漁船の独り占めはいつまでも続かなかった。やがて韓国漁船もトラフグを盛んに取り始め、資源量が目に見えて減っていった。二人とも一九八〇年代半ばまでに黄海行きに見切りを付けた。

黄海の漁が振るわなくなると、周南市粭島の漁師たちは内海向きの小型船に乗り換えた。一九八〇年代の後半、五〇隻余りが周防灘や伊予灘でトラフグを追い、瀬戸内海全体の漁獲量も年間千トン前後あった。ただ、資源先細りの前触れだったのか一キロ未満の小型魚が増えていた。

粭島漁港でのトラフグの集荷

それから三〇年余りたった二〇二〇年二月、粭島のはえ縄漁の現状を聞くと末田さんは指を折りながら「今はもう九隻。一人乗りで六〇、七〇代が中心」と答えた。

はえ縄の流儀は人それぞれで、末田さんは一鉢に七メートル間隔で一二〇本の針を付ける。一七鉢で計約二千本の針に餌のイワシ切り身を付け、海に投入するまで三時間半。一時間置いて延長約一五キロのはえ縄を五時間かけてローラーで引き上げる。

一九九〇年代末ごろは愛媛県松山沖で針二千本のうち一〇〇本ぐらいかかった。今は周南沖から山口県上関町沖の祝島や八島付近までの周防灘が主な漁場で、「五匹も上がればまずまず。ゼロの日もある。釣れんときは次の日の餌を切りとうない」

遠く黄海に出漁しながら夏は沖縄や奄美の近海でマグロを追い、後には静岡沖でキンメダイ漁をしたベテランでも、釣れないときはやはり弱気になる。

船に二、三泊しながら漁を続けてきた。夜は漁場近くの島影にいかりを下ろし、畳一畳分の船室に潜り込む。今は電気毛布や電子レンジ、冷蔵庫もある。「漁場に近く、朝からすぐ仕事にかかれる。揺れる方が家よりよう寝られる」と波枕に体が慣れ親しんでいる。

粭島のフグ縄漁師の中で最高齢の藤原登さん（八三）は「もう年だから」と近場への日帰り漁である。「あれでもと思うて出るが今年はゼロの日の方が多い。餌や燃料代など日に一万円ぐらいの赤字です」。取材した二〇二〇年二月一五日は一四〇〇針落として二キロ一匹、一キロ三匹が釣れ、久々に笑顔で出荷した。

末田さんの長男（四二）は小さい頃は漁師になると言っていたが、成長するにつれトラフグは極端な不漁になった。豊漁の時代との落差の大きさが島全体に影を落とす。粭島に何人かいる中堅層の漁師はフグ縄を敬遠し、サザエやアワビなどの潜水漁に携わる。

越ケ浜漁港は萩市街の北にある。黄海のトラフグ漁全盛期の一九七〇年代、五〇トン級のフグはえ縄漁船一〇〇隻は縦並びでないと港に入れなかった。当時の越ケ浜漁協（現・山口県漁協越ケ浜支店）の水揚げは年七〇億円近くに上り、今の約一〇倍もあった。

フグ縄漁船は現在、一九トン級が八隻いるだけ。見島沖や対馬東方の日本海で一〇月からトラフグを追い、翌二月から萩名物マフグも狙う。五～七月はアマダイ漁というサイクルである。

山本亀吉さん（七二）が船長の第三光久丸は一航海三、四日間でフグ縄漁をする。二〇二〇年は一月に見島沖で九・八キロの大きなトラフグを上げたが「今シーズンは数が取れん」と言う。多い日が四〇匹ぐらいで一匹も釣れない日も一回あった。新型コロナウイルスの感染拡大で価格が下がり、三月恒例の「真ふぐ祭り」も中止になった。

三一年前に買った船に五人乗り組んだ時期もあるが、今は息子（四二）と近所の人（五九）と三人。はえ縄は一鉢に五メートル間隔で針六〇本を付け、七〇鉢前後を投入する。延長二一キロあり、風や潮を読みながらの作業である。「一人前になるまで早くて三年。その後は本人の研究次第」と言う。

トラフグは鋭い歯で時に縄をかみ切る。日本海の操業海域は水深が六五～一三五メートルもあり、船から鎖を落として切れた縄に絡ませて拾う作業がやっかいだ。海底に縄をはわす一般的な底縄ならまだしも、浮きを付けて漂わせる浮き縄の場合は縄が流れてしまう。

その代わり、浮き縄では高価な白子を持った雄がよく取れる。海底の雌を上から見つけやすいため、白子が太るにつれて雄の魚体は浮きやすくなるとも言われる。こうした雄を狙う漁は福岡県宗像市鐘崎や萩市江崎で行われており、山本さんも二〇年前までは浮き縄を使った。雄は雌より三割高く売れたが、中国船に度々縄を切られた。「縄を拾うのがせんないから」と底縄一本に切り替えた。

山本さんが若い頃は縄上げに手作業が多かった。はえ縄を一日二回も投入し早朝から晩まで働いた。「今は作業は楽になったが、人集めが大変な時代」。高齢化で引退する漁船員に代わる人材確保が越ケ浜でも難しくなっている。

袋競り　減る天然物へのこだわり

午前三時二〇分、フグ専門卸売市場である山口県下関市彦島の南風泊《はえどまり》市場のベルが鳴る。二月下旬なのに半袖の競り人が「どーがえーが」と声を張り上げた。黒い筒状の袋の中で競り人の指を仲買人（仲卸）が握って買値を伝える。

伝統の袋競り。仲買人が袋の中で競り人の指を握る

全国でここだけの「袋競り」である。仲買人は一〇〇グラム単位で魚の重さを見て取り、競り人は何通りもの買値から瞬時に最高値を選ぶ。高価なフグに霊妙な価値をまとわせる儀式のようでもある。年末のキロ一～二万円が年が明けると半値という相場変動もフグならではだろう。

取材した二〇二〇年二月二一日、内海物が大分県姫島村と愛媛県八幡浜市の計七〇匹、外海物が下関市川棚、萩市越ケ浜の五五匹で二キロ級が多い。「きのうはこの一〇倍」と経営する下関唐戸魚市場営業部の松浦広忠課長。福岡県宗像市鐘崎や萩市江崎からの入荷が多かったという。

同市場は天然トラフグの取扱量全国一。一九八〇年代半ばは内海、外海合わせて年千数百トンを扱い、近年は一二〇トン前後に減っている。二〇一九年度は内海一九・三トン、外海七〇・九トンの計九〇・二トンに落ち込んだ。

外海トラフグは韓国沖から一二月半ばに対馬周辺に南下して玄界灘や萩沖へ回る。ところが「今期は水温が下がらず、日本海の釣れ始めは節分から。二カ月近く遅れた」と松浦課長。相場が高い一二月の不漁は漁業者に打撃だった。

その後の新型コロナウイルスの感染拡大で価格は通常の三割安に。市場も感染防止に気を配りながら袋競りを続ける。

天然物トラフグの競りの後、養殖物の競りが、こちらはサンプルを見せながら行われた。養殖物は天然物の一〇倍ぐらいの取扱量である。

そばに仲卸約三〇社の水産加工団地がある。競り落としたトラフグを関西には主に活魚で、東京方面には有毒部位を除去した身欠きフグを送る。

この日、天然物の良型を入手した畑水産の畑英次社長は「天然物というピラミッドの頂点があってのフグ食。廃れてほしくない」。産卵期には「趣味」と称してトラフグの卵と白子を混ぜて受精させ、従業員と近くの海に放流している。

放流されるトラフグ稚魚（山口県栽培漁業公社提供）

干潟の餌減少　稚魚育ちにくく

ふ化半月後のトラフグ仔魚《しぎょ》は半透明で五ミリ前後だった。六〇万尾入っている水槽が二基。山口市秋穂東の山口県栽培漁業公社は国内最大級のトラフグ種苗生産場である。

雌雄の親魚から取り出した卵と白子を混ぜて受精させ二〇二〇年三月下旬にふ化した。ワムシや小型甲殻類、配合飼料を餌に五月上旬には二・五センチに。広い池で七センチに育った稚魚六〇数万尾を七月、瀬戸内海に放流する。

瀬戸内海沿岸や九州北西部などから毎年放流されるトラフグ稚魚は二〇〇万尾近い。日本海と東シナ海、瀬戸内海のトラフグは同じ系群で、そこに加わるゼロ歳魚の二割余りが放流魚と推定されている。

これだけ大規模な放流をしても系群全体の資源量は一〇数年前から約三割も減った。漁獲量も細るばかりである。産卵から成長、回遊、産卵回帰までのサイクルのどこかが欠けているとしか思えない。

トラフグ稚魚は河口などの干潟で晩秋まで過ごし、二〇センチ前後に成長して沖に出る。その間、小型甲殻類や貝類などの餌が大量に必要となる。稚魚の成長を支える干潟の環境変化に瀬戸内海区水産研究所の重田利拓主任研究員は注目する。

椹野《ふしの》川河口の山口湾（山口市）には同公社から秋穂湾に放たれた稚魚も移動して来る。この湾の干潟にいるトラフグ稚魚の胃の中身を重田さんが調べると、マテ貝の稚貝が最多で次いでアナジャコだった。

小型甲殻類も含め干潟の小生物を長期間調べたデータはない。唯一あるのは一九八〇年代から一％以下に激減した瀬戸内海のアサリ漁獲量である。「アサリ減少は干潟の生産力低下を示し、トラフグ稚魚の餌となる他の生物も減っている可能性が高い」と重田さん。「イシガレイなど干潟で育つ他の魚種も同じように減っている」とも指摘する。

環境変化の要因として排水規制強化による海の「貧栄養化」が挙げられる。リン、窒素などの栄養塩は多すぎると赤潮を招くが、生物生産の基礎となる植物プランクトンを育てる海の肥やしである。山口県沖の瀬戸内海ではリン、窒素ともに一九七〇年代から六割以上減った。

干潟が次々に埋め立てられた高度経済成長期、干潟の面積は減っても有り余る栄養分が小生物を湧かせて稚魚の餌となった。下水処理など汚濁防止策の結果、干潟の生物生産の力が衰えて稚魚が育ちにくくなっているとすれば、「水清ければ魚すまず」である。

〈取材余話（3）〉生涯現役

ルポを読んで「高齢の漁師さんが多いねえ」との感想をよく聞く。例えば島根県大田市で天然ワカメを刈って水産加工会社に出荷する八〇歳、天然ワカメを干して板ワカメにする八七歳のお二方を紹介した折にも、驚き交じりの反応が寄せられた。

「漁」シリーズのスクラップ帳を繰ると、これまで取材した漁師さんの数は八四人に上っていた。一〇歳刻みの年代別でみると八〇代が七人、七〇代が最多の二六人、六〇代が一八人、五〇代一二人、四〇歳代一三人、三〇歳代四人、二〇歳代と一〇歳代が各二人となっていた。

漁業の後継者難が深刻化して高齢化が進んでいるというのが一般的な見立てだろう。別の角度から見れば、漁業は生涯現役という言葉がふさわしい職業ともいえる。

それを可能にしているいくつかの要素がある。まず挙げられるのが機械化だろう。高性能エンジンとローラーのおかげで船をこいだり、ロープや網を巻き上げたりする力仕事が大幅に減った。

山口県周防大島町の桟橋で、タチウオの引き縄釣りから帰ってきた人が陸ではつえに頼ってよろよろと歩く姿を目にした。船上では背筋がしゃんと伸びていたはずである。高齢の漁師は釣り漁に多いが、広島県三原市では底引き網漁を元気に続けている八八歳に出会った。ローラーを駆使し、人力が要る部分はこつをわきまえて対処すれば網だって引けるのである。

二番目は、経験が生かせる職業であることだろう。魚群探知機や衛星信号で位置を割り出す衛星利用測位システム（GPS）の導入は進んでも、刻々と変わる潮の流れを読む技能や海底地形についての知識は短期間では身に付かない。長年の漁の体験を通じて育まれた経験知が物を言う世界である。

岡山市東部で流し網を五〇年間余り続ける七二歳はサワラの産卵についてめっぽうくわしい。「深場から浅くなる斜面で、強風で起きる波を利用して産んでいる」と話しぶりに説得力がある。どんな様子で網に掛かっているかなどサワラの気持ちになって観察を続けてきた積み重ねは、漁師の大きな財産である。

三番目に、漁業は老化を防ぐアンチエイジングにぴったりである。日々異なる海の中の様子を知るには、経験という引き出しからさまざまな知識を総動員する必要があり、常に頭や五感を働かせることになる。また、その結果は漁獲量となってすぐに出るのが面白いし、やる気も出てくる。

マダイの一本釣りで紹介した周防大島町沖家室の古谷正さんに久々に電話を入れてみた。「もう八八歳になったです」としっかりした声。月に二〇日間は船で一本釣りに出て「今はハマチじゃね。今年はメバルは少なかった」。毎日の釣れ具合や天候を細かく記す日記は七四冊目になった。「一〇〇歳まではせわない」と相変わらず意気軒高だった。

年配の漁業者の記憶力に驚いたことがある。マナガツオ漁で「一獲千金」と題して取り上げた愛媛県伊予市の七六歳は、息子を率いてローラー五智網を引く腕利き漁師。取材から半年たって電話したのに、当日の漁獲量や値段を昨日のことのようにくわしく覚えていた。失礼な言い方を許してもらえば、欲得が絡むほどに頭は高速回転し、老けている暇はないのではなかろうか。

四番目は、高齢の漁師が珍しくなくなったこと。世間全般に人生九〇年時代と言われるようになったこともあり、「もう年だから」と周囲が決めつけたり、本人が諦めたりすることが減ってきたように思う。七〇歳代でも「あと一〇年は」と思う人が結構いる。

ここまで書いてきた当方も六〇代後半である。同世代の人々が地域の漁業を支えており、自分よりはるかに年配の方々も夜明けから漁に出ている。取材者冥利《みょうり》とでも言おうか、なにか心強いような、励まされるような気持ちがしてくるのである。

減少の陰に餌不足か

マダコ

めぐる命　一年の営み

瀬戸内海沿いの弥生時代の遺跡からイイダコ用の小さなタコつぼの土器がよく見つかる。時代がさらに下るとマダコを取る大きめのつぼも焼かれた。日本人は世界で最もタコを好んで食べてきたと言われる。その割にはタコの詳しい生態は意外に知られていない。

タコの仲間で最も一般的なのがマダコである。ふ化後に生き残った個体が成熟、交接、産卵して生を終えるまで普通は一年程度という。その命の始まりを二〇二〇年、環境省委嘱自然公園指導員の藤本正明さん（六六）が山口県周防大島町の地家室沖で水中撮影し、動画を会員制交流サイト（SNS）で配信した。

水深八メートル余りの海底に陶器のタコつぼが一個。外敵を防ぐため入り口に積まれた石を撮影時だけ動かすと、海藤花《かいとうげ》と呼ばれる房状の白い卵の塊が見えた。つぼの中で抱卵する母ダコがしきりに海水を吹きかけてふ化を促している。魚が近づくと身をていして卵を守る。

つぼの中で卵を育てる母ダコ（藤本正明さん撮影）

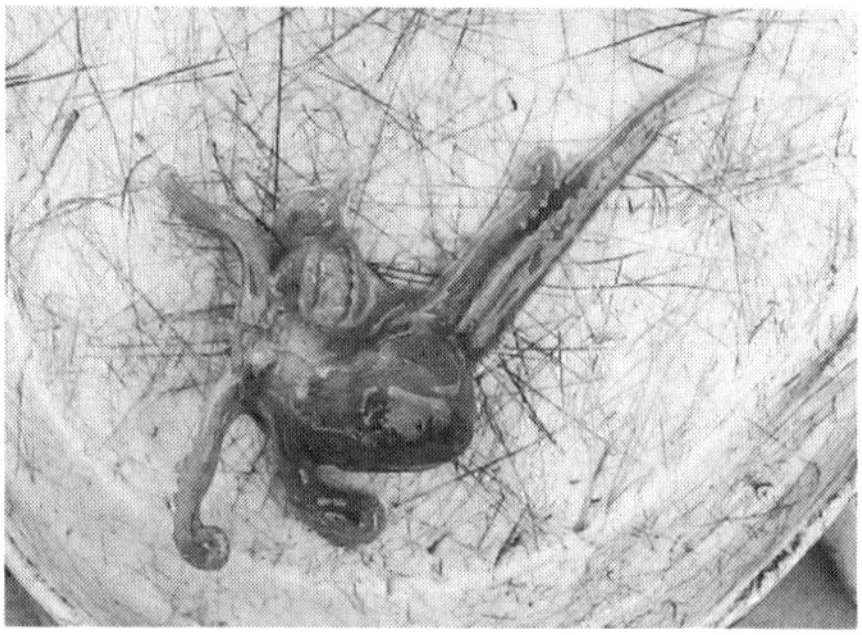

長靴に付いた稚ダコ

藤本さんが観察を始めた同年五月二三日から一カ月余り、母ダコは何も食べず子育てに専念した。数万を超すという卵の内部に幼生が透けて見えるようになり、ふ化が六月二六日に始まる。幼生たちがつぼの外へ次々に巣立つが、多くは待ち受ける魚たちの餌食に。幸運にも逃げ切ったタコの赤ちゃんに「拍手を送りたくなる」と藤本さんは記した。

同年九月から一〇月中旬にかけても同じタコつぼで別の母ダコが抱卵した。ふ化した幼生たちを旅立たせると母ダコは力尽き、その死がいは他の生き物の糧となる。動画を見守った人々からは「涙が出る」といった感想が寄せられた。

マダコは二～一〇月にかけて産卵し、「秋子《あきこ》」と呼ばれる九月ごろが最も多いようである。二〇一九年一一月中旬、広島県福山市内海町田島の漁船内で檀浦賢三さん（四六）の長靴に付いていた数センチの稚ダコも運良く生き延びた秋子だろう。この小さな子も育ち盛りには一潮（新月から満月までの約一五日間）で一〇〇グラムは大きくなるという。

マダコを取る漁師たちは寿命の一律一年説に首をひねる。檀浦さんも「四キロオーバーもおるから、みな一年で死ぬわけじゃなかろう」。特に雄の中には二年かそれ以上生きる個体がいるのかもしれない。

そのマダコが近年、特に瀬戸内海で減り続けている。命の循環の輪がどこかで途切れかかっているのだろうか。

水揚げ　一〇年前の二～三割

瀬戸内海には春から初夏にイカかごでコウイカを取り、それ以外の時季はタコつぼ漁に携わる漁業者がいる。かごまたはつぼをつるした縄を海に沈めては揚げる縄専門の漁師たちである。

広島県東広島市安芸津町三津の山田明光さん（七四）もその一人。一八歳からタコつぼ漁を続けてきた。一〇年前まで一日に七〇〇～八〇〇個のつぼを揚げ、平均して一〇〇キロ、良い日は二〇〇キロのマダコが取れた。

その後、漁獲は減り続けた。一日三〇〇～四〇〇個のつぼを揚げて「いい時で三〇キロ、普段は一〇キロそこそこしか入っとらん」。以前の二～三割の水準である。海の中で一体何が起きて

つぼからはい出すマダコ

いるのだろうか。

「おらんかもしれんで」。ぶっきらぼうな口調で予防線を張る山田さんの船に乗ったのは二〇二〇年七月二三日のことである。妻あや子さん（七二）ともどもの夫婦《めおと》船は午前五時半に出港し、ないだ海を行くこと約一〇分。大芝島の沖に着いた。

左手に大崎上島、振り返れば安芸津の山々。二方向の目標物をにらみながらいかりを投入し、海底にはわせているタコつぼの縄（ロープ）をフックで船上に引き揚げた。山食い合いで位置を覚え込み、旗付きブイのような目印は使わない。水深は二〇メートル余り。

セメントの重りが付いたプラスチック製のタコつぼ一〇〇個余りを一五メートル間隔でつるした縄を一筋と呼ぶ。長さは約一・六キロ。山田さんが船端のローラーで縄を巻き上げ、あや子さんが手際よく船上に並べる。海に戻す際にもつれないよう、つぼと縄の山は整然としている。

九個目のつぼから二キロ弱のマダコがぬるぬるとはい出た。すばしっこく動くが、捕まえられていけすの中に。その後は延々と空のつぼが続く。小ダコは海に返した。

タコはきれい好きという。つぼの中の泥を落とし、カキ殻が付いた物は新品と交換して再び海に投入する。安芸津町沖の三津湾の周辺に計一二筋を仕掛けており、三日置きに引き揚げる。この日は大崎上島の西端に近づいて二筋目、さらに三筋目まで引き揚げた。取れたのは計七匹で一〇キロ余り。一筋平均では二・三匹である。

「一筋で二〇匹入っとった頃もあったけどねえ」とあや子さんは一昔前を懐かしんだ。「つぼの一割にタコが入っとれば商売になるんだが」と山田さん。近年、その採算ラインを下回る日が増えた。平成初めに安芸津で十数軒がタコ漁をしていたが、今は五軒しかない。

山田さんは海上で漁の途中、タコつぼの中からタイラギの黒っぽいかけらを取り出した。マダコは口で殻を開けて食べる。「好物のこの貝やマテガイが小石交じりの海底に昔はようけおった。砂泥には掘りきれんぐらいのアサリがおった。今はたまに見かけるぐらいよ」

マダコは二枚貝や甲殻類、小魚などを大量に食べて育つ。「以前なら秋生まれが翌夏には二キロ近くになったもんだが、餌がこう減ってしもうては」。空が目立ったタコつぼを、船を走らせながら海に戻していく。

陸域からの排水浄化が進んで海は透明度を増した。その分、栄養分が減って魚介が湧く環境でなくなったと山田さんは肌で感じる。水温上昇で貝類に目がないナルトビエイが増えたことも追い打ちを掛ける。

二〇一七年八月に始まった黒潮の大蛇行による影響も少なからずありそうだ。大蛇行中は窒素やリンなどの栄養塩が少ない黒潮が豊後水道から瀬戸内海へ勢いよく入って来るからである。

広島県水産海洋技術センターが測定している県内海域の栄養塩のデータを調べてみた。河川水の影響を受けにくい沖合の二カ所で二〇一九年に測定した窒素とリンの濃度は、大蛇行前の二〇一六年よりそれぞれ四～二割、二～一割減っていた。限定的な比較だが減少傾向を示している。

植物プランクトンから動物プランクトンそして魚介類へと連なる生物生産にとってはマイナス要因である。安芸津町周辺には大きな川がなく、黒潮流入の影響を余計に受けやすいのかもしれない。

瀬戸内海全体でもマダコの不漁が目立つ。マダコが大部分を占めるタコ漁獲量は、二〇〇八年の一万一六二三トンから二〇一八年の三一六三トンへと三割以下に減った。同じ一〇年間に広島県は九四五トンから二九八トンへ、山口県が一〇八五トンから三六八トンへと軒並み急減している。

二〇二一年の年初に山田さんから朗報を聞いた。前年一二月から漁獲が上向き、良いときはつぼの二割、平均して一割ぐらいにマダコが入るという。

船を走らせながらタコつぼを海に戻す山田さん

二〇二〇年五月以降、黒潮は豊後水道の南へ遠ざかり、その秋から大蛇行収束との見方も出始めた。黒潮の流路変更による漁獲回復のきざしではと、広島、山口県内の漁業者たちに今冬のマダコ漁の様子を聞いてみた。「取れんよ」「最近にない不漁」との返答が多く、見込みは外れた。海の中のことはやはり一筋縄ではいかない。

ブランド好評でも後継ぎ課題

躍動感あふれる「やっさ踊り」とタコ料理が広島県三原市の名物である。沖合でタコつぼ漁を終えた船が三原市漁協近くの船着き場へ次々に帰ってきた。漁協の加工場では下処理したマダコを大、中、小のサイズに分けて真空パック詰め作業の真っ最中。急速冷凍すれば全国発送する「三原やっさタコ」の出来上がりである。

取材したのは二〇二〇年八月八日。うかつにも「タコのまち」三原ではこの日が足の本数にちなむ「タコの日」であることを失念していた。朝方、市内の寺でタコ供養が営まれたと聞いて頭をかく。秋子の産卵を控えたこの時季はタコ漁もピークを迎える。

島々に囲まれた三原沖はマダコの好漁場である。漁協は二〇一四年に三原やっさ踊りから取った名前を商標登録。解凍すれば取れたてが味わえるブランドダコの加工を始めた。

「冷凍すると肉の繊維が切れて柔らかくなり、表面のぬめりも取りやすい」と浜松照行組合長(七二)。関西や東京の飲食店でも好評という。西日本豪雨でつぼに土砂が入る被害があった二〇

真空パック詰めするマダコの下処理

一八年をのぞき毎年二〇トン余りを販売している。

この日は昼前まで七隻が操業し、マダコ計三七六キロを水揚げした。一隻平均五〇キロ余りと東広島市安芸津町沖に比べてよく取れる。広島県中部を流域とする沼田川から海の生き物を育てるさまざまな栄養分が流れ出ることが要因のように思える。

川の水が直接当たる三原市東部の糸崎沖で、つぼ一二五個付きの縄を一〇筋揚げた船は計一一〇キロの漁獲だった。河口から遠い同市南部の須波、幸崎沖などの倍以上である。タコ縄の漁場は親から子へ譲って来ており、やめる人が出ないと条件の良い漁場に移れない。

漁協は二〇二〇年から缶詰の開発も始めた。珍味の卵などを加工した三種類で、浜松組合長らが岡田吉弘市長に開発状況を報告した。子どもたち対象のタコつぼ漁見学はコロナ禍で二〇二〇年は休んだが、市内の小学生を毎年招いてきた。同市の支援も得て、産卵用のタコつぼを毎年三千個ずつ海に沈めるなどの増殖対策も講じている。

アイデアと発信力で「タコのまち」は順調そうに見えるが、後継者難という課題に直面している。

三原市でタコつぼ漁を続ける赤穂清人さん（七二）は、物心ついた頃から親に付いて海に出た。中学を出て陸の工場で二年だけ働いた。「おまえが一カ月働いた分を一日か二日で取るど」と父に言われた。それほど海に魅力がある時代だった。

同市南部の幸崎から須波沖にかけてが祖父の代からの漁場である。陸の養分が注ぎ込む沼田川の河口からは離れているが、潮流が長年かけて砂を運んだ浅瀬にイカナゴが湧いた。

盛んに海砂が採取された一九八〇年頃、海中がかき混ぜられ一時的に魚やマダコも増えた。船上から底が見えていた浅場はやがて深さ四〇メートルくらいまでえぐられ、海底はでこぼこになった。マダコが好むカニや貝が減ったと赤穂さんは感じる。

五キロ弱のつぼをつるした縄を繰っては海に戻すタコつぼ漁。タコが入っていると「持った瞬間にやんわりとした重み」が手に伝わるという。昔は縄一筋のつぼ一〇〇個のうち四〇、五〇個に入ったことも。「二〇年前までは一筋平均十数個ぐらい入ったが、今はその半分以下。海に出る楽しみも減った」。それでも夏場は暑さを避けて未明に一人で船を出す。

街灯と島影の重なり具合など二方向の夜景で縄の場所を覚えている。縄を繰る合間にパンをかじる慌ただしさだが、話を聞いた日は九筋揚げて四〇キロの漁獲。タコが入っていたつぼは一筋当たり五個ぐらいだった。「一週間漬けとったのに今日は少なかった」とぽつり。

陶器のつぼは扱いやすいプラスチック製になり、ローラーなど機械に頼る部分も増えた。「それでも潮の動きや海底の様子も知らんといけん。タコ縄はそう簡単にできんよ」。体の動く限りは続けるつもりの赤穂さんだが、後継ぎはいない。

平成初め頃は三原市内で二〇軒がタコ漁に携わり「タコのまち三原」を支えた。どの家にも後継者はおらず、昨年（二〇一九年）は八〇代の三人が引退して今は九軒になった。八〇代二人、七〇代四人、六〇代二人と五〇代一人である。

新規就業者は最若手の五〇代一人だけ。船や道具に元手がかかるだけでなく、人並みになるまでが大変というタコつぼ漁ならではの事情もあろう。見習いで船に乗ってみて続かなかった例もある。

「三原やっさタコ」のブランド化を進めて「取れたら売れる道筋は付けてきた」と自負する漁協の浜松組合長。後継者づくりについて「周りが支えやすい近親者にまずは働きかけ、新規就労希望者への支援にも力を入れなければ」と考えを巡らせている。

プラ製タコつぼ　陶器から主役交代

タコは釣ったり、突いたり、引っ掛けたりしても取るが、最も一般的なのはつぼ漁である。一昔前までタコつぼといえば全て陶器で、縁や胴回りなどを縄で縛って使った。

広島県東広島市安芸津町にも窯元が三軒あった。同町三津でつぼ漁を続ける山田明光さん（七四）は各地へ送るタコつぼ満載の列車をよく見かけた。

今はプラスチック製を使う漁師が大半である。一カ所の穴に縄を通すだけで、重りのコンクリートを底に詰めて海底でも動きにくい。

「プラ製は扱いやすいし、投げても割れん。タコが入るのは陶器と違わん」と山田さん。三〇年余り前に山口県防府市の製造業者が安芸津に来て、「ここで形や重さなどをアドバイスして全国へ販売した」と記憶している。

さまざまなプラスチック製タコつぼ

三原市にも似た話がある。「ここが最初に相談に乗ったんよ。五〇個買えば防府の工場に招待してくれた」と赤穂清人さん（七二）。各地の漁師を当事者に巻き込むなかなかの商売上手である。

プラ製タコつぼの全国シェア六～七割という防府市新築地町の再生プラスチック製品メーカー、サンポリを訪れた。開発したのは鹿嶋英一郎社長（六〇）の父で先代社長の博文さん（八七）である。

近くの同市向島漁港で一九八〇年頃、漁師がタコつぼに付着したフジツボをはがす際に手を滑らせてつぼが割れるのを見たのがきっかけ。一年間でつぼの一割を補充していると聞いた。博文さんは試作しては向島の漁師に頼んで海に沈めてもらった。

色合いはタコがリラックスしたときの赤茶色に。甲殻類や二枚貝を持ち込んで食べたり、卵をふ化させたりするのに安全で居心地がよい場所になるよう「タコと話をして作ったそうです」と鹿嶋社長。自信作が二、三年がかりで完成した。

「プラにタコが入るか」と拒否反応を示す漁師たちに「取れたら代金ください」と言って使ってもらった。浦々に足を運ぶ売り込みで、割れないプラ製つぼは一九八〇年代後半から急速に広まる。一九九〇年代初めにかけ年六〇万~七〇万個を量産し、マダコ用は九州から茨城県まで販路が広がった。

出入り自由のつぼが一般的だが、関東や長崎県五島などでは中に餌を入れるふた付きが売れた。その後、マダコの不漁が続くと販売数も減り、今は年に約五万個とピーク時の一割以下に。かつての主力製品は売り上げ全体の二%程度になった。

高齢でタコつぼ漁をやめる漁師が増えた。プラ製は持ちが良く買い替え需要も少ない。「昔は四トン車に満載して運んだが、今は一漁港に五〇個か一〇〇個ぐらい」。鹿嶋社長は時代の移ろいを感じる。

陸上養殖　餌改良が課題

店頭のマダコは全て天然物である。稚ダコづくりが難しいとされてきたが、国立研究開発法人水産研究・教育機構の百島《ももしま》庁舎で陸上養殖が軌道に乗りかけている。二〇二一年一月に広島県尾道市の離島、百島に渡った。

塩田跡地の一角に約四〇〇平方メートルの飼育実験棟。入り口に「タコ部屋」と記してニンマリさせる小さな看板があり、前年六月にふ化した一七匹のマダコがいた。共食いを防ぐため一匹ずつ隔離され、解凍キビナゴやオキアミ、アサリむき身などの餌で育てられている。

前年春に近くの海で取れた母ダコ一〇匹を水槽内のタコつぼに入れて産卵させ、ふ化を待った。ふ化した幼生は一カ月近い浮遊生活を送り、着底して稚ダコになる。初めは七、八ミリぐらい。「昨年は着底の折に死んだ個体が多かった」と関沢彩真研究員は振り返る。

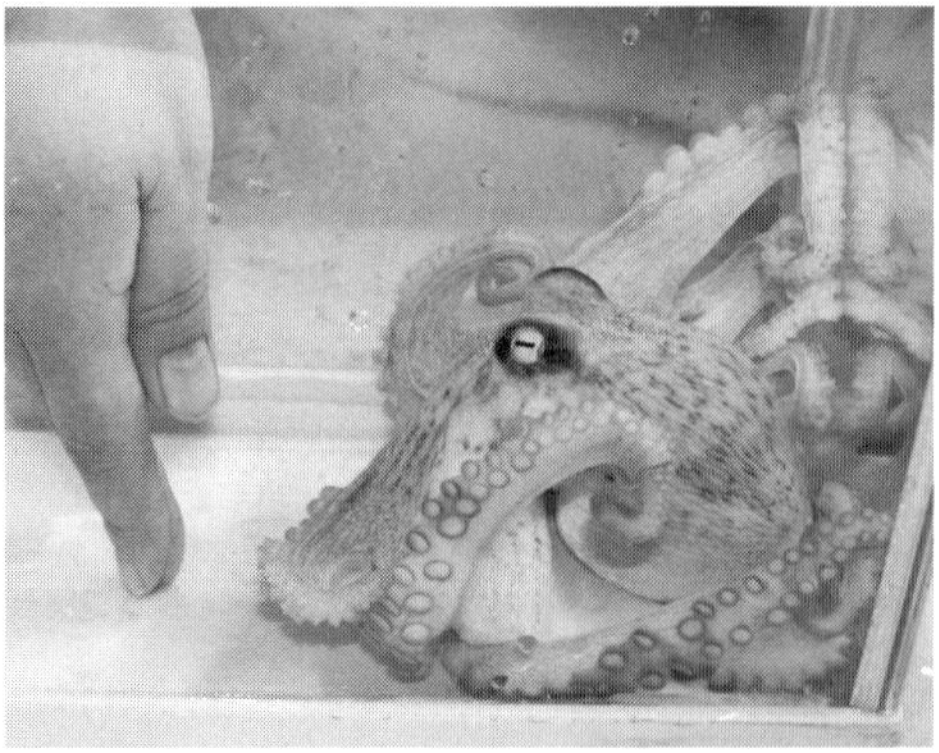
生後7カ月で260グラムに育った養殖マダコ

運良く生き残った中で最も育ちの良い一匹を撮影用の水槽に入れてもらう。その瞬間、白く変色して体をくねらせた。計量すると二六〇グラム。二〇〇グラム前後が多く、最小は二〇グラムと個体差が大きい。
養殖研究は予備実験を経て二〇一八年度に始まった。庁舎内の実験池で育てたガザミ（ワタリガニ）の幼生を餌として浮遊中のマダコ幼生に与えたが、当初は多くが死んだ。餌を捕食しやすいよう水流を改善すると第一段階はクリアできた。

無事に着底して稚ダコが育つかにみえたが、この年七月の西日本豪雨後に全滅した。タコは塩分濃度が低い「甘い水」に弱い。水槽に引く海水に豪雨による大量の淡水が混じったためと分かった。

翌二〇一九年度は比較的順調だった。一五六匹の稚ダコを一〇カ月飼育して四六%の七三匹が生き残る。六五匹は出荷サイズの五〇〇グラムに達し、うち二五匹は一キロを超えた。この年、東京のシーフードショーに出展して「天然物と変わらぬ味」との評価を得た。

マダコは成長が早く一年で出荷サイズになる。骨や殻がないため食べた餌の約五〇%が体成長に使われ、クロマグロの約一五%に比べて飼料転換の効率が高い。天然資源の先細りが目立つだけに有望な養殖魚種である。

試行錯誤を経てきた百島庁舎のマダコ養殖を商業ベースに乗せるにはどうすればいいのか。「稚ダコを安定的に作る技術の確立や、コストを下げるために餌の改良・開発も必要だろう」と関沢研究員。他魚種では例のない一匹ずつの隔離養殖が遠からず普及するかもしれない。

ブランドに陰り　サバ

関サバ　先細る資源

豊予海峡で釣れる関サバはブランド魚の代表格だろう。「サバの生き腐れ」と言われた大衆魚が、遠隔地でも鮮度を保って刺し身で提供されることで高級魚に生まれ変わった成功物語でもある。

ご当地の大分市佐賀関町《さがのせきまち》の旅館に泊まる朝、旬の関サバを食べたいと連絡したら「確約はできないが手配してみる」との返答だった。「小さくてあまり脂が乗ってないですが」と夕食に出されたマサバの刺し身。生臭さは全くなくコリッとした食感だった。

タチウオ漁を取材中の二〇一九年一月末のことである。関サバは不漁とは聞いていたが、タチウオを釣る四〇代の地元漁師は「年金収入があるような人でないとサバ釣りはできんよ」。一家を養うような稼ぎは見込めないと言うのである。

大分県漁協佐賀関支店が誇る水産物荷さばき施設をのぞいた。釣れた魚をいけすに移して丸一日は落ち着かせる。生け締めと血抜きを施して「関サバ」「関アジ」などの登録商標マークを付けて全国発送する。

漁船が一隻戻ってきた。七〇代の漁師がアジ数匹を船から桟橋脇のいけすに移す。「サバは釣れん。今日はこれを取った」と海藻のクロメを見せてくれた。

冬場、八〇〇グラムぐらいの良型マサバは脂の乗りが良い。美味な刺し身を味わうのは漁師町と周辺の特権だった。それを「関サバ」と銘打って一九八九年、鮮度を保って流通させたのが当時の佐賀関町漁協。餌が豊富な急潮流のイメージと相まって東京市場で評判となる。

「鮮度処理を徹底すれば締めて三、四日は刺し身でいける。生でサバを食べる習慣がない東京人に衝撃を与えた」と漁協佐賀関支店の坂井伊智郎支店長。ブランド化以前はキロ千円だったが良型ならキロ五千円に跳ね上がり、一世を風靡《ふうび》した。

二〇〇〇年度以降では二〇〇三年度の漁獲量二四一トン、販売額四億六二〇〇万円がピークで、その後は減少傾向にある。二〇一八年度は二五トン、四七〇〇万円と一五年前の約一〇分の一に落ち込んだ。「海に出ても一匹も釣れない日もある」（坂井支店長）という不安定な漁模様である。

右肩下がりだった関サバの漁獲量だが、二〇一九年度は七三トンと前年の二五トンから増加に転じた。

「二〇一九年夏に三〇〇グラム程度の小型がよく釣れたため。最低でも五〇〇グラムはほしいのだが」と大分県水産研究部の中尾拓貴研究員。冬場に釣れる脂が乗った従来の関サバとは違う群れだったようだ。大蛇行中の黒潮が豊後水道に接近した影響で入り込んだとも考えられる。

マサバは回遊魚で、瀬戸内海の群れも太平洋系群に含まれる。その中で関サバは当初、餌が豊富な急潮流の豊予海峡の海域にすみつく「瀬付き魚」と言われていた。ところが同県水産研究部の二〇〇七～二〇一五年の調査で瀬戸内海へ回遊する個体が見つかった。豊予海峡で冬から春先に取れた成魚を標識放流したところ、同海峡だけでなく一部は同県姫島や山口県上関町八島、遠くは愛媛県弓削島の沖で再捕された。

「冬場は豊予海峡付近の深い場所にたまり、水温が上がれば伊予灘や周防灘へ回遊する群れがいるのでは」と中尾研究員は推測する。

大分市佐賀関の漁師たちは疑似餌かゴカイのみで関サバを釣り、乱獲に歯止めをかけてきた。瀬戸内海への回遊を前提にするなら、より広範囲の資源保護が必要になってくる。

平成初めの関サバブームをきっかけにマサバ活魚が高値で取引されるようになり、多くの漁業者がサバを狙うようになった。釣りはもちろん網漁も含めた漁獲圧力が増したことも資源の先細りに影響しているのではなかろうか。

海峡対岸の愛媛県伊方町の三崎漁協も釣り物に「岬《はな》アジ、岬サバ」と銘打ったが、巻き網で取れた魚を混入させた事例が発覚。釣れる魚が減って注文に応じきれなくなったためで、二〇一二年に県などによる認定ブランドを返上した。

周防灘に面した山口県漁協室津支店（上関町）では一五年前にはサバ釣りの漁師が十数人いた。「良型はキロ三千円台の高値が付いたが、年を追って取れなくなり今は狙う者はおらん」と外村美満支店長。マサバ漁の不振は瀬戸内海の西部に共通しているようだ。

コロナ禍でも高値の活魚

二〇年余り前の冬、地物のサバを刺し身で食べ、舌の上でとろけるような脂の乗りに驚いた。平成初めの関サバブームを受け、近場で釣れたマサバの活魚が広島市場に入荷するようになった頃である。

「関サバに見劣りしない生きたサバが周防大島方面や後に広島湾周辺から持ち込まれた。近年はあまり取れなくなり、釣る人も減った」と広島魚市場の末永紀生専務。コロナ禍が続く今も地物のサバ活魚はキロ二千円台、入荷が少ない時はキロ四千円が付く高級魚である。

広島湾で冬場にサバを釣る漁師は二〇一五年頃には約一〇人いた。「あのころはまだ一日七〇〜八〇本釣れていた」と山根幸高さん（七一）。その後は次第に釣れない時期が長くなり、狙う人も半減したという。

山根さんの船に二〇二一年三月一日、草津漁港（広島市西区）から乗った。二月中旬から不漁が続き、前日は久々に良型が釣れたという。移動中に妻代司枝さん（五八）が釣りざお三本を船端に固定する。疑似餌針にまき餌かごが付いたサビキ釣りの仕掛けである。「釣れだしたら三本でも忙しい」とのこと。

やがて引き潮時に釣れる海域にいかりを下ろした。かごにオキアミを入れて糸を垂らし、底に

広島湾でマサバを釣る山根さん

付いたら二～三メートル上げる。満潮から一時間たった正午すぎ、広島湾の外側に向けて流れる潮で釣り糸が傾く。

「おっ、来た」。さお先がブルブル震えて八〇〇グラム級の良型が上がった。「やけど」するからと魚体に手で触らず、バケツ上に張り渡した糸に針を引っ掛けて外す。次々にかかり始めた。夫婦がせわしげに電動リールで糸を巻き上げてサバを外し、まき餌をセットして海中へ。

四〇分ぐらい当たりが続いた。船のいけすに五〇〇～八〇〇グラム級が三〇匹余り。海水をポンプで交換してエアーを送りながら帰港した。広島市中央卸売市場の水産棟で翌日未明、キロ三千～千円で競り落とされた。

その後もまずまずの漁が続いたという。サバを狙う漁業者が減ったことで、資源量が少し持ち直して来たのだろうか。豊予海峡の関サバについても今シーズン、本来の冬場の漁に回復の兆しを感じ取る研究者もいる。

サバ活魚に高値が付きだした頃、「網をやる者もみんなサバ釣りに行き、産卵期もお構いなしだった」と広島湾のベテラン漁師は振り返る。関サバを含めサバは回遊魚である。産卵期の五、六月を禁漁にするような資源保護策を県境を越えて打ち出すべきではなかろうか。

値崩れした高級魚

マダイ

浜値四〇年間で五分の一に

一本釣り歴七二年の古谷正さん（八六）は海上から二方向の景色を確かめて漁船のエンジンを止めた。手作りの疑似餌が付いた糸を垂れ、底に届いたら右指でゆっくり上下させる。マダイが掛かるとタモで取り込み針を外した。その間、船端に正座したままである。

山口県周防大島町南端の沖家室《おきかむろ》島は〇・九四平方キロ。周囲に好漁場が多くタイなどの一本釣りの島として名をはせた。「明治二〇年の大阪の品評会で明石のタイが日本一、家室（沖家室）が二番だった」。漁家の誇らしい歴史を古谷さんは背負う。

一〇代半ばで父の船に乗り、タイを追って長崎県五島列島などへの出稼ぎ漁を一五年間。船のテント下での寝起きも「漁が好きだから苦にならんだった」。漁を始めた一九四七年から欠かさず日記をつけている。天候や漁場ごとの釣れ具合などを細かく記した日記帳は七三冊目である。

今も月に二〇日以上は出漁し、「一〇〇歳まではせわない」と言う古谷さん。同乗取材を約束

マダイを釣り上げた古谷さん

した二〇一九年五月一七日も午前四時すぎから三時間ほどメバルを釣って戻った後、一トンの持ち船「正栄丸」へ記者を乗せ再び沖に出た。

島北部の洲崎港から二〇分余り南下してタイ漁場の千貝瀬《せんがいせ》に着いた。愛媛の島々や四国の山並みが間近に望める。豊後水道から瀬戸内海中央へと潮が出入りする海域である。

多くの漁船が常備する衛星利用測位システム（GPS）はなく、古い魚群探知機はエンジン室に収めたまま。「釣りは山食い合いのもん。広い海でもタイが釣れるポイントはこときまっとる」

山食い合いとは景色で位置を決める方法。例えば正面の灯台と背後の山の稜線の重なり方を記憶し、直角方向の近、遠景の重なり具合も覚えれば海上の一点が決まる。「頭にピシャッと入った」山の重なり具合の双曲線を古谷さんは沖から帰ると日記に書き残す。

機器に頼らず、潮の流れや海底地形、魚の食いなどを体で感じて即応するのが一本釣り名人の流儀である。マダイの盛期はまだ先で、この日の釣果は最大一キロ級の計三匹。それでも船の位置を何度も変えながら忍耐強く糸を垂れる姿には風格が漂っていた。

古谷さんは二〇一八年九月にメバル用の小さな針で六・七キロのマダイを釣り上げたことがある。「一五分ぐらいやったり取ったりで、われながら神業じゃったよ」。釣り歴七二年でも六キロ以上は四匹目だった。

沖家室島の洲崎から出港する古谷さん

歓喜は落胆に変わる。山口県漁協の買い上げ浜値は一キロ当たり四五〇円で三〇一五円。「こがいに安うなったらやっていけん」。自身が旧東和町漁協の沖家室支所長だった一九七九年六月から翌年一月までの浜値表を見せてくれた。

マダイ大（八〇〇グラム以上）は産卵後の六月下旬が一キロ当たり二五〇〇円で脂が乗る一月は四千円。高級魚としての評価である。当時の古谷さんは年八〇〇万円以上を稼ぎ、子ども三人の教育費も十分賄えた。

これに対し直近の二〇一九年三、四月のマダイ大の浜値は四四〇～七三〇円。四〇年間で約五分の一にまで値崩れし、もはや中級魚である。

この間、養殖マダイの国内生産量が増えた影響が大きい。二〇一七年には六万二八五〇トンと天然物（一万五三四三トン）の四倍に。消費者の嗜好も変わり、天然物より高値が付くことも珍しくない。

食のグローバル化が進み魚価全般も下がった。古谷さんが釣るハマチの浜値は四〇年前は一キロ千円程度だったが、今は二〇〇円と情けないほど安い。一方、漁船燃料の軽油は四〇年間で三倍余りになった。

沖家室では江戸前期、本浦と洲崎に漁港が開けた。ここを拠点に腕自慢の釣り漁師たちが東は備讃瀬戸、西は五島や対馬まで出稼ぎ漁に行った。台湾やハワイにも拠点を設けた明治時代中期には、約七〇〇戸がひしめく瀬戸内有数の漁業基地だった。

古谷さんが漁を始めた頃は漁船で埋まっていた港内だが、今は船影もまばらである。四〇年前に島内に八〇人いた漁協の正組合員は六人になった。最高齢の古谷さん以外は七〇歳代のＵターン者が主である。魚の値段が低迷し、漁師になる若い人は出てこない。島の二〇一九年四月末人口は六八世帯、一一〇人にまで減った。

一本釣りの魚には漁獲時にかかるストレスが少なく食材としての質は高い。ところが流通現場では同じ規格の魚を多数そろえることが優先される。古谷さんが支所長の頃、釣り物は網物より値が高かったが、今は市場で同じ活魚として扱われる。

明石に次ぐとされた沖家室の釣りタイを正当に評価する手だてはないものか。

脅し縄　ローラー吾智網

広島県江田島市沖美町の美能漁港を出ると、能美島と宮島に挟まれた海域に程なく着いた。豊後水道からの潮の流れが周防大島沖をかすめ、ここから広島湾奥部と呉湾に注ぎ込む。砂地の底に瀬もあり、江戸時代から漁民間の紛争が繰り返された好漁場である。ローラー吾智《ごち》網によるマダイ漁を二〇一九年四月二三日に取材した。

今どきの網漁なら衛星利用測位システム（GPS）と魚群探知機は付きものと思ったら違った。甲板中央に油圧ローラーが据えられた五トン未満の一栄丸にはどちらもない。川崎法人さん（四六）と父親の一義さん（七九）はもっぱら山食い合いに頼る。

島々に囲まれた箱庭のような海である。大奈佐美島の背後に広島市・廿日市市の街並みも望め、近景と遠景が重なる目標に事欠かない。山食い合いと連動して海底の瀬の位置が頭の中にしまってあるのだろう。

長さ六〇〇メートルの二本のロープの先に網を広げてタイを追い込む漁である。まずロープの端の位置を決め海面にブイを置く。そこから潮が流れる方向に船を動かしてロープを延ばしきったら網を投入。網に付いたロープをブイの場所まで引いて帰る。U字を描くロープの先端の網が潮流を受けて膨らむ。

四〇～六〇メートル下の海底の岩礁ぎりぎりに網を近づけるのがタイを乗せるコツという。一義さんは「ブイをつく時点で勝負は決まる」、法人さんは「潮の動き具合でブイのポイントは変わる」と言う。

ローラーで緩急を付けながら網のロープを巻く川崎さん親子

ローラーがうなりロープを巻き上げ始めた。エンジンのクラッチを入れたり切ったりしてロープを張ったり緩めたり。水中でロープ周りの水を巻かせてマダイを脅し、網の方向へ誘い込む。この間約一〇分。どこか狩猟的な趣がする職人技である。

最後は二人が手で網を揚げた。マダイを中心にチヌ、カレイが船上でピチピチはねた。

午前中だけで潜水艦を含む海上自衛隊呉基地の艦船二隻が通った。広島港に出入りする船のメインルートでもある。漁業者の高齢化で数は減ったが、この海域で今も四隻が吾智網でタイを追う。

「脅し縄」に反応するマダイの習性を利用した吾智《ごち》網は江戸時代に始まった。改良を重ね、一九五〇年代から動力ローラーが導入された。ロープを自在に張ったり緩めたりして効果的に追い込めるようになる。ローラー吾智網の誕生である。

底引き網より魚の傷みが少なく、主に活魚として市場に出される。瀬戸内海中・西部の二〇一七年のマダイ漁獲（二二三三トン）の中では吾智網の比率が四〇％と最も高い。刻々と変わる潮流や海底地形などを勘案し、技量の差が如実に出る。文字通り「智」を要する網である。島々に囲まれた江田島市美能沖では、今も山食い合いが頼りである。「前日に網が入った場所はタイの乗りが悪い」と川崎法人さんが言うように、複数の漁師が同じ瀬で操業する。

一方、伊予灘のような広い海域では網代《あじろ》が方々に点在し、「親子や兄弟でも網代の場所は教えない」と言われてきた。ところが衛星利用測位システム（GPS）や魚群探知機などの先端機器が普及し、秘密のベールが取り払われてきたようだ。

「今や網代は共有財産になったよ」。愛媛県伊予市の下灘漁協所属で吾智網歴四〇年の浜田徹さん（五八）が打ち明けた。山食い合いの時代は分かりにくかった他船の位置がGPSとレーダーでワンタッチでピッと簡単に捕捉できる。「漁師の師が匠《たくみ》の技を指したのは昔のこと。今は機器に頼ってただ魚を取る人になった」と自嘲気味に語る。

浜田さんが漁を始めた頃、瀬戸内海で魚探が使えるのは一部海域の限られた漁法だけだった。乱獲を防止するためである。やがてプレジャーボートに普及し始め、水深を測る名目で漁船への装備も進む。現状を追認する形で魚探が解禁されたのは一九九三年。そのころからGPSの導入も急速に進んだ。

機器の普及は多くの魚種で取り過ぎを招いたが、マダイは違った。瀬戸内海区水産研究所によれば瀬戸内海中・西部系群の資源量は一九九五年まで減少したが、二〇〇二年に増加に転じた。ここ数年は資源量の二六％を毎年漁獲するが資源量は微増しており、安定した状況にある。

背景に魚価の下落がある。特に一歳未満はほとんど値段が付かなくなり、稚魚が取られずに資源が温存されやすい。同研究所の山本圭介主任研究員は「逆説的だが、安値が漁獲意欲をそぎ資源の安定に貢献している」とみる。

瀬戸内海中・西部では二〇一六年にマダイ人工種苗一四三万匹が放流された。漁獲中の放流魚比率は〇・九％で、三〇％前後だった三〇年前から様変わりした。自然界での資源再生産が順調なことを示す。

市場は量販店主導　養殖に高値

「魚市場の朝は早い」と言うが、実際は前夜遅くから動き始める。桜鯛シーズンが終盤に差しかかった二〇一九年四月二四日午後一一時。広島市西区草津港の市中央卸売市場水産棟で活魚を締める作業が始まった。

大小取り交ぜたマダイが各地から到着する。目の前の広島県江田島市からは船便や陸路で、山口県柳井市からのトラックは同県周防大島のマダイも積んできた。ローラー吾智《ごち》網でとったものが多く、水槽の中で生きている。

広島卸売市場には二つの顔がある。近海物を流通にのせる産地市場と国内外の水産物を集める消費市場である。水産物はまず荷受けの卸二社（広島魚市場、広島水産）に入り、相対《あいたい》取引や競りで仲卸、量販店などに渡って小売に回る。

マダイを待ち構えていたのは卸会社のスタッフたちである。刃物で一匹ずつ目の上を突いて脳を壊し、えらと尾を切って血抜きする。いわゆる活《い》け締め。短時間の流れ作業である。

脳破壊は魚を脳死状態に置き、死後硬直を遅らせて鮮度を保つ方法である。動きを止める狙いもある。魚が暴れると、うま味成分に転化するエネルギー源のＡＴＰ（アデノシン三リン酸）を消費して乳酸が出る。うま味が減って身も白濁し、透き通った刺し身が引けなくなる。

硬直をさらに遅らせるのが神経締めである。頭などから針金を通して背骨上の神経をこすり取るのが一般的なやり方。水産卸二社は規格がそろった養殖マダイには尾から圧縮空気を吹き込む神経締めを施している。

天然マダイには通常、神経締めは行っていない。「各地で水揚げされた物が短時間に集中するため、そこまで手が回らない」と卸会社側。ただ一律ではない。仲卸段階などで神経締めすることはままあるという。

海が近い関西以西の和食界では、身が締まっていない死後硬直の前の状態が好まれる。上質な刺し身を取るにはいけすで一昼夜休ませて腹の餌を抜いた後に神経締めするのが理想とされる。それを徹底すれば漁業者の収入増にもつながると思うのだが、水産物流通の大勢はどうも違う方向にあるようだ。

日付が四月二五日に変わった。市場水産棟にトロ箱入りの魚介類が並ぶ。仲買人たちが品定めし、午前一時を回ると相対取引が本格化。見る見るうちに売り先が決まる。

「よい物からはけていく。競りにかかるのは残り物か遅く届いた物ぐらい」と卸会社勤めが長い人が教えてくれた。相対取引の比率は二〇年余り前から増え始め、今や全体の八～九割に達する。街中の鮮魚店が急速に減り、量販店扱いが水産物流通の主流になったことが背景にある。量販店は市場近くに物流センターを設け、広島、山口県内など各地の店舗へ送る水産物を細かく分別してトラックで運ぶ。より早く流通に乗せることが重要で、競りが始まるまで待っておれないのである。

コストダウンとスケールメリットが幅を利かす世界と言うべきか。「よりすぐりのタイ一匹を料理屋へ届けるやり方より、同一規格のタイがいっぱいある方が商品価値がある」と言われる時代になった。市場を切り盛りしてきた魚の目利きたちの価値観が揺さぶられるような事態が進んでいる。

午前四時を回ると競りの時間。旬のマダイの入荷が多く、広島魚市場にはかなりの量があった。トロ箱を囲み素早く取引が成立する。

この日の天然マダイの市場卸値は高値が一キロ当たり二一六〇円、最多取引価格である中値は七七五円だった。これに対し養殖マダイは一一〇〇～一二〇〇円で推移し、天然物の中値より三割程度も高い。

養殖物は規格がそろっており、量販店や外食店などで扱いやすい。イワシ主体だった餌の改良も進み、品質も向上してきたという。天然物は大きさがさまざまで、春の産卵後に脂分が抜ける

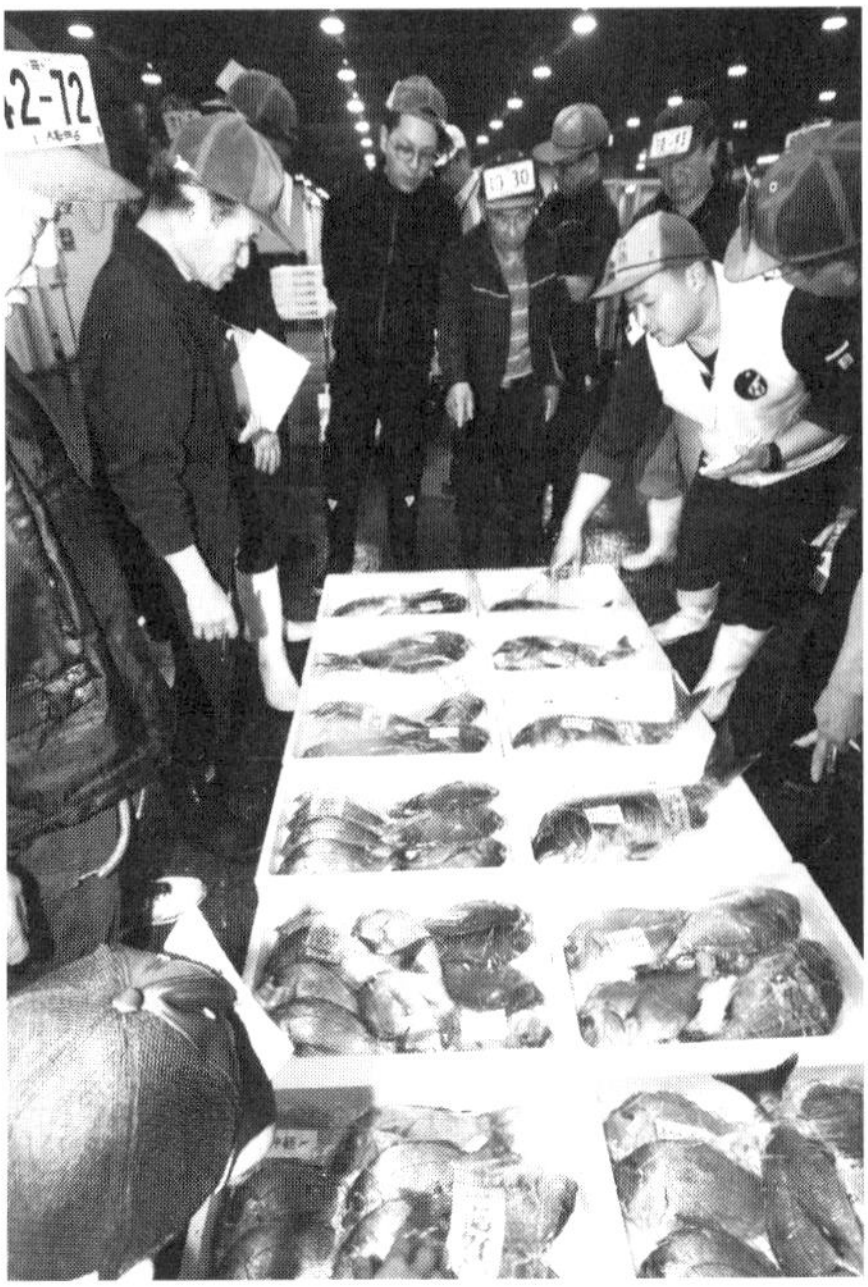

天然マダイの競り（広島魚市場）

など時季により味が違う。

魚の扱い方も、養殖物主体にシフトしている。マダイを刺し身にするとき養殖物は活《い》け締めから時間をあまり置かず、天然物は一定の時間を置いた方がよいと言われる。

鷲尾圭司・水産大学校代表によれば、魚のうま味成分は食べた餌から出ており、活け締めした後に増え続けるという。エビなどいろんなものを食べている天然マダイを刺し身にする場合、死後硬直が始まる直前まで寝かした方がよいのである。

ところが今は養殖物に引っ張られて「なんでも活魚」との志向が強い。天然マダイの価値を上げるためにも、うま味を引き出す食べ方について市場や漁業関係者からの情報発信がもっとあってよいと感じる。

王者復権　地物に付加価値を

広島市中央卸売市場水産棟の競りで評価の高いマダイを見つけた。坪網と呼ばれる小型定置網

丁寧に扱われる坪網のマダイの評価は高い

に入った魚である。取り方、扱い方を見ようと広島県江田島市大柿町の深江漁港を二〇一九年五月一二日に訪れた。

小林成規《しげき》さん（四七）、稔幸さん（四三）の兄弟が乗り込む「昭栄丸」で港から十数分。岸から約一五〇メートル沖までブイが点々と浮かんでいる。岬の近くでいかにも魚が通りそうな場所である。

ブイの下にはカーテン状の網が垂れ下がる。通りがかって障害物に当たった魚は沖に逃げる習性があり、カーテン網の沖側先端にある箱形の網の中へ入る仕組みである。

箱形網を巻き上げて船腹に寄せるとマダイの赤色が見え隠れした。魚にストレスを与えないよう二本の棒で網を広げ、稔幸さんがタモで慎重に取り込む。成規さんが腹のガスを抜いて水槽に入れていく。もう片側の網と合わせマダイは四キロ超級を含む計約六〇キロ、ハマチやチダイ、イシダイも乗っていた。

坪網は三カ所あり、それぞれ二日間置いて揚げる。その間に網の中で魚は疲れをとり、腹の中の餌も抜けていく。活魚水槽を積んだ自家用トラックで毎晩、広島市中央卸売市場へ持ち込み、神経締めをしたマダイを競りにかける。すし店や和食店向けを狙い、「徐々に認知されてきた」と小林さん兄弟。五年前から東京にも送られている。

山口県下関市の和食業界では「肥塚《ひづか》さんのタイ」がよく知られている。鮮度が落ちやすい夏場でも、三枚におろすと身が透き通って虹色が浮き出てくるようなマダイを板場に提供する。

肥塚直樹さん（五七）が父、息子と同市南風泊《はえどまり》から響灘に出漁し、ローラー吾智《ごち》網でマダイを追う。網を船端に寄せて丁寧に魚をすくうのは小林さんたちと同様。ただ水温が三〇度近くなる夏は港に着くまでに大半が死んでいた。五年前、冷却装置を一〇〇万円かけて導入して船内水槽を二〇度に保つ。

最初は北九州市の小倉市場で鍛えられた。死後硬直までの時間を延ばそうと、自分の魚がどのくらいまで締まらないで持つか仲買人と情報交換。鼻の穴から針金を通す神経締めを一年半かけてマスターした。

一〇年余り前から下関の市場に出す。午後二～三時に漁から帰り、一一時ごろまでいけすで休ませたマダイに活《い》け締め、神経締めを施す。さらに「企業秘密」という細工を加えて午前二時からの競りに並べる。「その日夕、刺し身に引いてうまいかどうかでの勝負。年数をかけ、頭も使ってきたが、手間を惜しむと値が付かない」と肥塚さんは言う。

料理人の話にも耳を傾けてみよう。「刺し身が一番で、焼く、煮る、蒸す、揚げる、吸い物と、どう調理しても淡泊で上品な味。タイは東の横綱級です」。広島市東区で日本料理店を営む北岡三千男さん（七〇）は一本釣りが盛んだった豊島《とよしま》（広島県呉市豊浜町）の出身。「いいタイに当たると、ここから切ってくれと語りかけてくる」と言うほどに愛着を抱く。

しかし、広島市中央卸売市場で二〇一八年に取引されたマダイの量は養殖七割に対し天然三割。平均単価（一キロ）は養殖一一九二円に対し天然八六四円だった。量も値段も養殖物の後塵《こうじん》を拝する「魚の王者」天然マダイの復権は可能なのか。

広島市場に入荷する天然マダイは山口県産六二％、広島県産三二％で大半が瀬戸内産。山口県周防大島町の沖家室島で一本釣りされたものも市場で活魚としてひとくくりされ、安い値段しか付かない現状がある。

いかに付加価値を付けるかが鍵を握ると北岡さんは考える。ストレスがかかりにくい漁法でとられたマダイを一日がかりで腹の餌を抜き、活《い》け締め、神経締め、氷水に漬けて色出しなどの手間をかける。すると死後硬直が遅くなり、その間に食べた餌由来のうま味が出て来る。

「ブランド化を図れば漁業者から高値で買うこともできる」と北岡さん。問題は、安値追求や均一規格化に傾く水産物流通の間隙を縫って、地物の天然マダイを看板商品に押し上げる仕組みを誰がどう作るかである。

魚に付加価値を付けるお手本がある。明石鯛で知られる兵庫県明石市の明石浦漁協には、海水

魚を休ませる明石浦漁協の池のようないけす

とエアーを流す池のようないけすがある。その日取った魚を休ませて餌を吐き出させ、翌日午前一一時から競りにかける。魚は神経締めを施され、夕方までに関西の和食料理店などへ届く。

明石海峡の恵みを受けて育ったとして「明石のまえもん」、丁寧な扱い方を「伝統の技・明石浦〆《じめ》」とＰＲしながら明石鯛を出荷する。脂の乗り具合を計測した特選品には金色テープを巻いて東京・豊洲市場へ。二キロの上物ならキロ五千円、脂が乗る秋冬にはキロ一万円の高値が付くことも。安定収入が得られるため若手漁業者も多い。

広島県と山口県東部の地先の海でとれるマダイも扱い方を磨けばスター商品になる可能性を十分に秘めている。市場や料理店、漁業関係者らがタッグを組み、ブランド化へ一歩を踏み出してみてはどうだろう。足元での漁業振興につながるのではなかろうか。

〈取材余話（4）〉回遊魚（1）

ウナギやサケのような大回遊ではなくても、産卵のためや餌を求めて回遊する魚は少なくない。魚の揺りかごとなる藻場や干潟、河口の汽水域に恵まれた瀬戸内海。埋め立てなどで失われた場所も多いが、今も産卵のためにいろんな種類の魚が回遊して来る。海の中のこと故、回遊のルートとなると分かっていないことが多いようだ。

漁師の話と研究者の見方が異なる場合もある。例えば瀬戸内海のマダイは、水産庁の分類によれば備讃瀬戸を境に中・西部系群と東部系群に分かれる。豊後水道や伊予灘南部で越冬したマダイが桜の時季以降、産卵にやってくるのは燧灘《ひうちだな》までとの想定である。

ところが、「浮き鯛《だい》」で知られていた三原市幸崎町能地の九〇歳近い漁師は「鯛は、（立春から起算して）四八日（三月下旬）から一〇〇日（五月中旬）までの間に東の鳴門まで上り、その後は西に向かって豊後水道まで下る」と断言した。

香川から愛媛、山口県沖まで船中で寝泊まりする家船で網漁を続けてきた人の話だけに、頭から否定できないように感じる。かつては播磨灘の方から備讃瀬戸を抜けて燧灘まで下っていたマダイの群れが、一九八八年に瀬戸大橋ができてからというもの、橋の明かりを嫌って来なくなった――。そんな話を何人からも聞いた。

瀬戸大橋のせいかどうかは分からないが、やはり産卵回遊するサワラは近年、備讃瀬戸を境に系群が明らかに分かれているようである。二〇一八年の岡山県内の漁獲でみると、県西部の燧灘はさっぱりだったが、播磨灘側の県東部は結構取れたという。

いろんな魚の餌になり「海のコメ」とも呼ばれるカタクチイワシの場合、豊後水道や紀伊水道付近から春になると瀬戸内海に入り、灘と呼ばれる流れが緩やかな海域で産卵するとされる。その回遊ルートとなるとやはりよく分からない。

燧灘東部のブランドいりこの島である伊吹島（香川県観音寺市）を訪れた折、「カタクチイワシはどこから来るのか」と聞いてみた。漁協の参事は「東西の両方から来るが、西の方からが多いんと違うか」。網元の一人は「西から入ってきて産卵後は東に出る」と断言した。

春以降は南北の回遊もあるようだ。燧灘北部の走島（広島県福山市）の網元によれば、最初は芦田川河口に近い鞆沖にシラスが湧き、成長するに従って南下していたという。汽水域の甘い水を好むシラスの習性からしてもうなずけるが、河口堰ができた影響からか漁は減っている。

一方で、回遊には無頓着な漁業者も多い。「入って来るイワシを取るのがワシらの仕事よ」（広島県内の網元）といった具合である。

回遊の研究が比較的進んでいるのはトラフグである。マダイやカタクチイワシのように浮遊卵でなく砂地に産卵するため、産卵場が特定しやすい。その一つである布刈《めかり》瀬戸（広島県尾道市の向島と因島の間）から標識を付けて天然魚を放流したところ、豊後水道を抜けて日向灘へ、関門海峡を抜けて玄界灘や五島付近まで回遊していることが分かった。二十数年前のことである。

各海域から標識放流を繰り返し行った結果、天然魚も人工種苗魚も成熟すれば大半が生まれ故郷の産卵場に戻ってくることが確認された。ウナギやサケほどではないが、かなり大きな回遊である。

トラフグの資源を増やそうと、瀬戸内海では稚魚の放流が盛んに行われている。ところが天然トラフグの漁獲は右肩下がりである。回遊のサイクルが途切れているからだろう。

餌を求めて瀬戸内海を回遊する代表的な魚の一つがタチウオである。大産卵場のある豊予海峡付近から春先、伊予灘を抜けて斎灘に入り、五月の連休明けに燧灘に入る。回遊先で取れるタチウオはよく肥えた上物が多いと市場の評価は高かった。ところが近年は資源の落ち込みが目立ち、回遊する群れも急減している。乱獲に加えて餌不足も背景にあるのかもしれない。

サバ類も回遊する。意外なところでは、大分県佐賀関沖で一本釣りされる関サバは従来、餌が豊富で急潮流の豊予海峡で育つとされていた。最近の研究では、広島方面の海域まで回遊して来るとの見方が有力になっている。待ちの姿勢よりも自分から動く方が餌に出合いやすいはずである。

そういえば広島沖で取れるサバも脂が乗っておいしい。豊予海峡に戻った折には関サバと呼ばれるのだろうか。惜しいことに、関サバも広島沖のサバも漁獲量は減ってしまった。

第3章

変わる環境

ここ三〇年余りで地魚を取り巻く環境は徐々に、しかし確実に変化してきた。とりわけ冬場の海水温の上昇は海の中の生態系に少なからぬ影響を与えているようだ。不漁の陰に栄養塩の減少や海流の変化が疑われる事例もある。

暖海化の裏表1

アナゴ

筒漁　島で一人だけに

あなご飯が広島名物として知られるように、アナゴは瀬戸内海のどこでもよく取れ、さまざまな料理に使われてきた。ところが近年、尋常ではない減りようである。一九九五年に五八七七トンと全国の四五％を占めた瀬戸内海のアナゴ漁獲量は二〇一七年に五五一トンと一〇分の一以下になった。まだあまり知られていないが、温暖化による水温上昇でノレソレと呼ばれる仔魚《しぎょ》の入り込みが減ったためとみられる。

「秋になると、鉛筆に近い太さの稚魚がうじゃうじゃおって、海のごみのようじゃった」。広島県西端の大竹市阿多田島でアナゴ筒漁を続ける中村直喜さん（五四）は、父の漁に同行した子どもも時代の光景を覚えている。

中村さんが漁を始めた二五年前、アナゴを取る漁師が阿多田島に一〇人余りいた。ところが極端な不漁続きと高齢化でやめる人が相次ぎ、今では自分一人になった。その中村さんも「昔は一晩に平均二〇キロ、多い時は八〇キロも取れたが、最近は六～八キロくらいかなあ。経費を引いたら赤字よ」と言い、葬祭業などとの兼業を余儀なくされている。

二〇一九年の九月一〇日夕、中村さんの漁に同行した。相手は夜行性だから夜の漁である。アナゴをおびき寄せるため、いりこに不向きで安く入手できる脂イワシをプラスチック製の筒の中に入れていく。筒に入ると出られないが、稚魚なら逃げられる一三ミリの穴が開いている。

アナゴ筒を投入する中村さん

うろこ雲が広がる夕空の下、長女の名前にちなんだ「ちかこ丸」（一・八トン）は阿多田漁港を出た。すぐ先にあるハマチなど魚類やカキの養殖いかだ周りに向かう。左手でかじを握り、ゆっくり船を進めながら右手で筒を海中に投入する。三〇メートルの間隔を空けながら筒は一〇個が一セット。六〇個まで入れることができるが、この日は四セット四〇筒を仕掛けた。

無造作に筒を海に落としているように見えたが、「今日は安全な所と戦う所が二カ所ずつ」と中村さん。いかだが潮でどう動くか、アナゴの食いはどうか、潮流や風向きなどを実は緻密に計算しながらブイを打ち、筒を入れていたのである。

日が暮れた。島の高台の中村さん宅でアナゴ料理をありがたくいただく。ちょうど脂が乗る時期で、たれを付けた焼き物は香ばしく、塩を振っただけの刺し身を口に入れるとほのかなうま味がじわっと広がった。

その翌日、午前五時すぎには船で海上へ出た。中村さんは筒を次々に引き揚げ、船端の樋《とい》伝いに獲物をいけすに流し込む。にょろにょろ動くアナゴ専用に手作りした装置である。空の筒もあれば獲物五、六匹の筒も。招かれざるタコも一匹。四〇分間で四〇個の筒を回収した。

かわいいサイズの七〇グラム程度から一〇〇グラムを超す良型までアナゴの漁獲は計約八キロ。最近ではまずまずの漁だったという。阿多田漁港に引き返して前日までに取って餌を吐かせたアナゴ活魚を中心に積み替え、同市玖波のくば漁協へ向かう。午前八時に始まる競りに持ち込んだ。

数年前までは一二〇グラム以上は広島市中央卸売市場へ、それ以下は、くば漁協に出し、あなご飯店にも売っていた。漁獲が減り兼業も忙しくなった今はほぼ、くば漁協一本である。

昭和の薫りが漂う競りだった。行商中心に鮮魚を扱う六〇～八〇歳代の女性たち数人がトロ箱を囲む。タコ、カレイなど地物に加え、北林隆組合長（六三）が岩国市場から仕入れた山口県産の魚もあった。

中村さんのアナゴ計六・八キロは久々の地物だった。一〇〇グラム超えは一キロ二六〇〇円、

くば漁協で競り落とされる地アナゴ

それ以下は一キロ一八〇〇円と一三〇〇円で競り落とされた。

くば、阿多田島の両漁協がここで毎月第三土曜に開く「おおたけ水産ＧＯＧＯ市」は地魚を求める人でにぎわう。焼きアナゴは人気商品だが、くば漁協に加工施設を造った五年前に八人いたアナゴ漁師は今では二人に。「地アナゴは減る一方。韓国産を出すのは趣旨に反するし」と北林組合長は先行きを案じる。

一〇〇グラム超えのアナゴ計一・五キロを競り落とした倉田みよ子さん（六八）は入荷を待っていたなじみ客たちに電話し、午前一一時には売り切った。

三〇年以上前から同市と隣の廿日市市大野で続ける軽トラックでの行商。「まるでお友達のような古くからのお客さんばかり」と言い、店内で開いたアナゴを午後から配達した。大量仕入れ大量販売の対極で、なにかホッとさせるような昔ながらの商いが今も息づく。

家船ではえ縄　無競争の海

はえ縄の仕掛けは薄板を円筒形に曲げたワッパに収まっている。数える単位は鉢。漁の前、放射状に広がる二三〇本の枝糸の針一本一本に餌のカタクチイワシを刺していく。

「今日は一〇鉢を二時間がかりでつくった」。北恵清文さん（六七）と玉枝さん（六四）夫婦は、アナゴはえ縄漁を広島湾で三〇年以上続けてきた。一〇鉢なら針数二三〇〇本、はえ縄の長さは四キロに及ぶ。昔は一〇針連続してアナゴが掛かることもあり、一晩で四〇～五〇キロ取れた。

かつて湾内ならどこにもいたアナゴは十数年前から減る一方である。今は岸壁近くの水深一〇メートル線を中心にはえ縄を仕掛ける。「普段は一晩で一〇キロぐらいかねえ。この前はたったの二〇匹。やる気ゼロになり二、三日休んでしもうた」

豊島《とよしま》（広島県呉市豊浜町）の家を離れ、広島市西区の草津漁港に係留する「いろは丸」（四トン）の船内で寝泊まりする。かつては豊島で四〇〇隻を数えた「家船《えぶね》」の生業《なりわい》と暮らしを今も続ける数少ない夫婦船《みょうと》である。

二〇一九年一〇月六日に乗船取材した。漁港を出て午後四時二〇分、太田川デルタの河口部である南区出島の西側岸壁すぐ沖に船を着けた。夫がはえ縄を順繰りに海に入れ、妻は糸がもつれないようワッパを回す。停泊中の貨物船を迂回しながら三〇分かけて岸壁沿いに宇品港近くまで延ばし終えた。

島影のカキいかだの間で日没を待った。「手元が見えにくくなった頃からアナゴは食い始める」と清文さん。六時二〇分からローラーで仕掛けを上げ、アナゴが掛かった針糸を玉枝さんが包丁

はえ縄で釣り上げられるアナゴ

で切る流れ作業が始まった。宇品港寄りの一鉢目は二三〇針のうち掛ったのは三、四匹だけ。三鉢目までほぼ同じ調子である。絶不漁の数日後だけに重苦しい空気が漂う。

河口部に差しかかった四鉢目から様子が変わった。次々にアナゴが上がって来て船上で跳ね、玉枝さんも忙しくなった。一〇〇グラム未満の小サイズが大半だが、二、三針連続して掛かることも。五〇〇グラム級の大アナゴが釣れたときは写真を撮りながら「でかいぞ」と声を上げてしまった。

一時間半で約一〇キロの漁獲。「今どきはこんなもんじゃろうね」と清文さん。五〇グラム級は巻きずしの具材、大アナゴは刺し身に適するという。

漁が終わった午後八時すぎ、清文さんと玉枝さん夫婦は草津漁港に係留中の船中で眠りに就く。翌午前二時、すぐそばの広島市中央卸売市場に取れたアナゴを持ち込むのが日課である。

はえ縄の針の付け直しはラジオ深夜放送のオールナイトニッポンを聞きながら二〜三時間。昼間の餌付けも含めて根気の要る手仕事の連続である。「この仕事はもう続かんよ」。玉枝さんが言うように後に続く若い世代はいない。

昭和の頃は活気があった。豊島《とよしま》のアナゴはえ縄の船団四〇～五〇隻が草津漁港を埋め尽くした。船に寝泊まりする豊島の漁民のために、広島市は専用桟橋と陸の洗濯場を造ってくれた。北恵さん夫婦は三人の子どもを島内の豊浜学寮に預けてアナゴを追った。

春に広島湾内に浮かぶカキいかだ周辺、夏に海岸端、秋に阿多田島（広島県大竹市）沖と漁場を替えて年間二〇〇日は出漁した。よく取れたのは平成初めまでである。「不漁でローテーションが崩れ、夏も冬も海岸端中心になった」と清文さん。出漁も年一五〇日に減った。

親に会えず寂しい思いをした漁師の子どもたちは後を継がなかった。かつては着ける余地がないほどだった草津漁港の桟橋を使う豊島の船は今、二隻だけになった。

情報交換の相手もいなくなり、北恵さんはもう船の漁業無線を切っている。以前はおおっぴらにしなかったはえ縄の仕掛け場所も「競争相手はおらんし、記事に書いてもええよ」。取材した日も近くで操業する漁船の姿のない無競争の海だった。

なぜアナゴは減ったのか。「ダムができて川から水が出てこんからか」と清文さん。南の海の産卵場から黒潮に乗ってくるアナゴ仔魚《しぎょ》のノレソレが水温上昇で沿岸に近づけなくなったという研究者の見方を伝えた。ところが清文さんは「産卵はここらでしとると思うよ」と半信半疑の様子。筒で取る阿多田島の中村直喜さんも同じような反応だった。

今も生態に未解明な部分が多いせいか、アナゴの産卵回遊は、よく似たウナギの回遊ほどには知られていない。

減るノレソレ　水温上昇の影響か

「ノレソレを箸でより出すのが大変だった」。広島県大竹市阿多田島漁協の湊修参事（五八）が島内のちりめん加工場でアルバイトをした高校時代の思い出である。ノレソレとは南方の海でアナゴが産卵・ふ化した透明で柳の葉のような形の仔魚《しぎょ》のこと。黒潮に乗って日本沿岸に来遊し、体長一〇センチ程度になる。

四〇年前にはしらす網に数えきれないほど入っていたノレソレ。今の広島湾の様子を同県江田島市のしらす網漁業者に聞くと「たまに交じる」との答え。以前よりかなり減っているようである。

ふ化直後のアナゴ仔魚が日本最南端の沖ノ鳥島の南方で見つかり、謎だった産卵場が分かったと二〇一二年に発表された。その研究に携わった水産研究・教育機構中央水産研究所の黒木洋明さんによれば、仔魚のノレソレは主に関東以西の太平洋岸に冬から春先に現れ、水温が一六度から一〇度の間であることが接岸の必要条件という。

わが国の沿岸水温は上昇傾向で、「温暖化の影響で仔魚の沿岸来遊が減り、瀬戸内海の漁獲激減を招いたのでは」と黒木さんは推論する。瀬戸内海につな

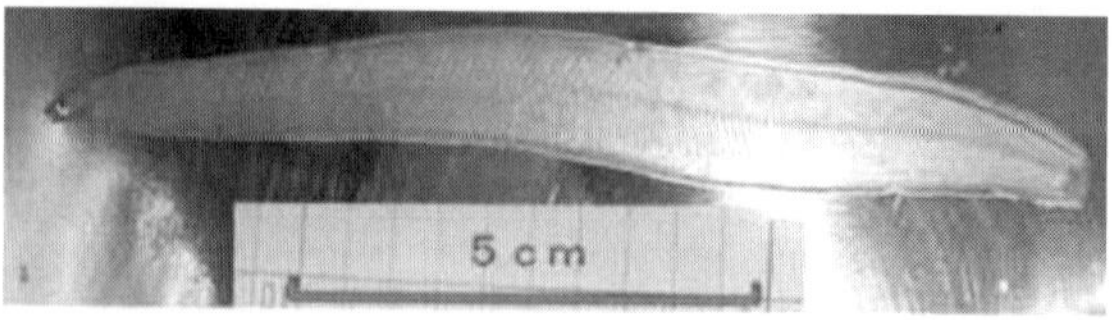

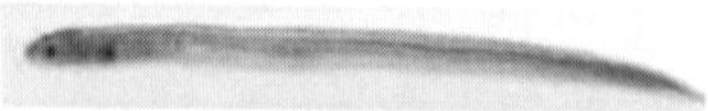

ノレソレ㊤と変態後の稚アナゴ㊦（徳島県水産研究課提供）

がる豊後水道の冬季水温は奥に入るほど低くなるが、入り口付近は平均一六～一七度台。接岸条件ぎりぎりか、少し上回る水温である。

大阪湾のアナゴ漁師は寒い冬の翌年は豊漁と言い伝えてきた。徳島県水産研究課が一九七〇年から二〇〇七年までを調べると、紀伊水道の冬季水温が低い年の翌年は漁獲量がおおむね増え、高い年の翌年は減っていた。こうしたデータも水温上昇によるノレソレの来遊減少説を裏付ける。

ノレソレは黒潮から分岐して東シナ海や日本海にも入るとみられる。朝鮮半島南部の好漁場を抱える韓国のアナゴ漁獲量は日本の二～三倍で安定しており、山陰など日本海西部沿岸も微増傾向。太平洋岸でも仙台湾など北部はあまり減っていない。いずれも関東以西の太平洋岸に比べて水温が低く、仔魚接岸の際に温暖化による悪影響を受けない海域である。

沿岸域に着底したノレソレは体長を縮めながら変態し、秋には鉛筆に近い太さの稚魚に育つ。二年ぐらいで一部を除いて沖合に移動してさらに成長するが、それからどんなルートで南の産卵場に向かうのか謎はまだ多い。

島根県の漁獲量 全国一に

秋の日が西に傾くころ、島根県大田市の和江漁港に一〇トン級の底引き網漁船が次々に帰ってきた。トロ箱で水揚げされるレンコダイにノドグロ、水ガレイ…。目当てのアナゴもいた。日本海にしては波穏やかな二〇一九年九月二五日のことである。

森山弘道さん（四六）が船長の松島丸は網袋入りの活魚四〇キロと船上で締めた箱入り鮮魚四キロのアナゴを水揚げした。一〇〇グラム未満が多かった広島湾と違って二〇〇グラム級が主体で、四〇〇グラム余りの大物も。それでも「今日は少ない。普段の半分以下」。不漁にあえぐ瀬戸内海とは別世界の観がある。

島根県のアナゴ漁獲量は二〇一七年に五〇八トンと長崎県を抜いて全国一に。その四割は大田市の漁船が取った。漁場は大田から浜田沖の大陸棚で水深一三〇メートル余りという。

松島丸はこの日、五人が乗って夜明け前に大田沖一六キロの海域に着き、岸と平行に網を引いた。九月から翌年五月までは底引き網で他魚種も含めて取り、六～八月は筒で専らアナゴを狙う。筒は広島湾と同じプラスチック製だが、数は一〇倍以上の六五〇個をつなぎ総延長十数キロ。夕方に投入し、夜中に四人で五時間かけて上げる。一晩の漁獲は一五〇～一八〇キロ、三〇〇キロを超すときもあるという。

ノレソレが変態したアナゴ稚魚は一歳代まで内海など沿岸の浅場で育った後、大半が外海に出るとされる。島根沖の大陸棚で取れるのは主に二歳から四歳までのようだ。「実はノレソレを見たことはない」と森山さん。この大陸棚アナゴはどこから来るのか。ひょっとすると朝鮮半島南部の多島海育ちかもしれない。この先、南方の産卵場へどう回遊するのかも含めて分からないことだらけである。

和江漁港のＪＦしまね大田の卸売市場に水揚げされるアナゴは関西、関東など県外に出荷されてきた。地元での活用は水産物加工の岡富商店（岡田明久社長）が二〇一七年秋、一夜干しを作ったのが始まりである。民放キー局で「大田の大アナゴ」が紹介された二〇一八年秋から一躍注目される存在になった。

二〇一九年三月に大田市内の波根旅館街がアナゴのＰＲイベントを開き、その後も市や商工会議所が加わって地域ブランド化へ動いている。大田アナゴの愛称募集や増えつつあるアナゴ料理を提供する飲食店マップ作り、大学の協力で成分分析も、と取り組みメニューは盛りだくさんである。

陸上養殖　稚魚の歩留まりに苦心

水槽の中の筒から、アナゴの群れが顔を出している。餌をまかれると何匹かがひゅっと飛び出してきた。

沖合に関西空港がかすむ大阪府泉南市の岡田浦漁協でアナゴの陸上養殖が始まっている。地先の海での漁獲激減を受け、新たな活路を探る動きである。

アナゴかご漁が盛んだった同市では二〇〇四年に一四〇トンあった漁獲が急減して二〇一七年にはわずか三トンへ。「泉南あなご」再生に向けた漁協と市の養殖プロジェクトは二〇一五年、地方創生事業に採択されて動き始めた。

富山県射水市でアナゴ養殖の技術開発を進める近畿大水産研究所の協力も得た。漁協職員が出

水槽で養殖されているアナゴ

向いて養殖技術を学び、二トン水槽一〇基を国の交付金で設置。その後、計四八トンへ増設した水槽で約七千匹を育てている。

配合飼料を中心にした餌やりは毎日二回。高水温を嫌うアナゴの適温は二〇～二二度だが、海から引き込む水は夏に三〇度近くになった。冷却装置を稼働させたら電気代がかさんだため、途中から井戸水に切り替えた。

漁業者が大阪湾内で三月ごろ取った三〇グラム程度の稚魚を八カ月間で一五〇～一八〇グラムに育てて一一月に出荷する。同漁協の東裕史青年部部長（三三）は「六〇～七〇％の歩留まりをもっと上げなければ」と水槽へ移す春先や夏場の管理に特に神経を使う。

育てたアナゴはイベントの試食会や飲食店へ格安で提供してきた。メディアで紹介されて他県の漁協も視察に訪れるなど注目を集めるが、国と市の助成は二〇一九年度まで。市担当者は「そろそろ独り立ちを」と促す。

二〇一九年秋から本格出荷を始める。二〇二〇年から養殖尾数を二万五千匹に増やし、歩留まりを七〇％に保つのが採算目標である。近大の分析では養殖アナゴは天然物より脂の乗りが良く、東さんは「泉南あなごのおいしさをＰＲしたい」と販売戦略を練る。

先駆者だけに課題も多い。養殖密度を増しても管理は行き届くのか。なによりもアナゴの資源が細る中で稚魚の確保がいつまでできるかが悩ましい。近大が人工ふ化から育てるアナゴの完全養殖に成功して人工種苗が量産できれば解決するが、まだ朗報は届いていない。

韓国シフト　地域の食文化とは

アナゴの活魚がトラックで広島市中央卸売市場（西区）に着いた。水産卸の二社合わせて約一トン。韓国産と長崎県対馬産が三対一の割合で、値段は韓国産がやや高かった。取材した二〇一九年四月下旬のことである。

関東、関西に次ぐアナゴ消費地といわれる広島。すしネタ向きより小さい一〇〇〜一五〇グラムのあなご飯サイズが多く送り込まれる。

平成初めまで豊島《とよしま》（広島県呉市豊浜町）のはえ縄船団や、筒漁師たちが一日計一〜二トンの地アナゴを市場に水揚げした。今は「三、四人が五〜一〇キロを持ち込むくらい」（水産卸社員）に地元産は激減している。それを補うように漁獲が安定している韓国へと仕入れ先のシフト替えが進んだ。

「ここ二十数年でまるで変わった」と水産加工のスイコウ（西区）の土岡正人社長（四九）。昔は地アナゴを開いて内臓と血合いを取り、宮島方面の飲食店などに納入してきた。

開き加工を施されるアナゴ（スイコウの加工場）

地物が減ってくると土岡さんは韓国南部に飛び、仕入れ先の確保に奔走した。餌が豊富な多島海で脂の乗ったアナゴを取る若い漁師たちに出会う。今、対馬経由で市場に入る活魚のほか下関経由や広島直送も含め多くの韓国産アナゴを扱う。

代表的な納入先が「あなごめし」の老舗「うえの」（広島県廿日市市宮島口）である。「地元産を大事にしたいが、集荷が難しくなった。スイコウと協力して韓国から良質アナゴを仕入れるパイプをつくってきた」と上野純一社長（六三）。弁当の原材料名に「アナゴ（韓国産、国産）」と義務づけはないが表記している。

上野さんは二〇一七年、瀬戸内海のアナゴ資源を考える広島市内でのフォーラムの後、全国の研究者ら約四〇人に産地を隠してアナゴかば焼き三種を試食してもらった。多くの人がおいしいと言ったのは韓国産と中国産。神奈川県の漁業者だけは地元産を推した。

実際には外国産への抵抗感はまだ根強い。かつて良質アナゴが取れた堺市でアナゴ料理文化を広める加工卸「松井泉」の松井利行社長（五〇）も韓国産をメインに使う。料理店マップを作り、イベント開催や試食販売を繰り返して「やっと質で選んでもらえるようになった」と実感する。広島名物あなご飯は今や観光資源でもある。韓国産、次いで対馬産のアナゴを多く使うことをどう考えるべきか。「輸入物主体の仙台名物牛タンも同じではないですか」と土岡さんが言うように、加工や調理の過程を地域の食文化と捉えることも確かにできるだろう。一方で、その源となる地アナゴの漁が細々とでも続いてほしいと思う。

暖海化の裏表2

ハモ

瀬戸内海で独り勝ち

海からイカかごを引き上げるとコウイカの白い舟（甲の部分）だけが残っていた。怪現象に首をひねっていた広島県東広島市安芸津町三津の山田明光さん（七三）はある日、かごから出られなくなったハモを見つけて謎が解けた。細長い体のハモが網目をくぐり抜けて入り、コウイカを平らげていたのである。

イカかご漁をする五～六月は夏の産卵期を前にハモの食いが立つ時季。餌食になるコウイカの多さから「四、五年前からハモがむちゃくちゃ増えた」と山田さんは感じる。

ハモは夏の京料理に欠かせない食材で湯引きが定番である。細い骨を切る手間は要るが、淡泊な味の白身で脂の乗りようも上品。当方は三〇年余り前、赴任先の島根でしゃぶしゃぶの美味を知って以来の好物である。

日本海にもいるが、もともと国内のハモの大半は瀬戸内海産で、大量には上がらない高級魚だった。ところが近年、山口県の周防灘などでは夏場に最もよく取れる魚になってきた。「ハモばっかり入る」と底引き網の漁師たちは言う。

山口県の瀬戸内海のハモ漁獲量は一九九七年までは年間二〇〇トン以下で、二〇〇〇年代前半に五〇〇トン近くに急増した。同県水産研究センターによれば「資源水準は高位で横ばい」。その後の漁獲量はやや減り気味だが、漁業者の引退で取る人が少なくなったためという。

ハモと同じウナギ目にアナゴがいる。夜行性で泥場にすむなど共通点は多いが、瀬戸内海全体のアナゴ漁獲量は一九九八年の四五六一トンが二〇一八年は四五七トンへ。二〇年間で一〇分の一に激減してハモと好対照である。

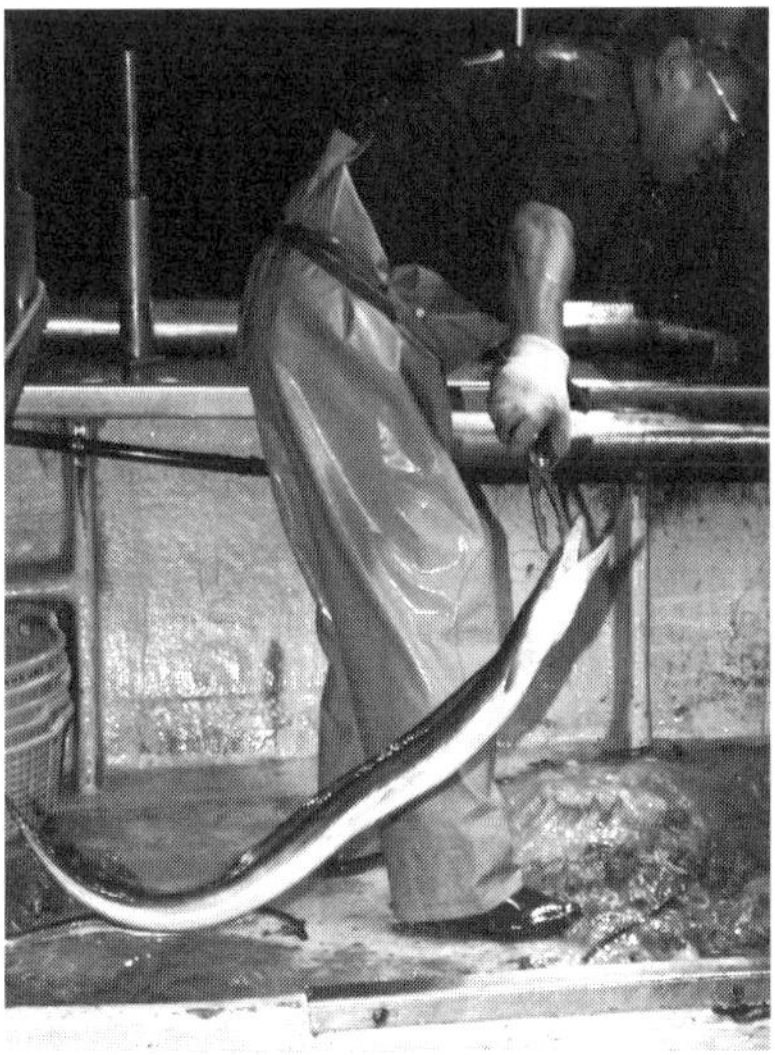

周防灘の底引き網で取られたハモ

周防灘の中央部で底引き網漁をする防府市向島の河内山満政さん（五八）は「以前は主にアナゴが取れてハモは珍しかったが、今は完全に逆転した。そう言えばもう二、三カ月もアナゴの顔を見ていないよ」。

アナゴは沖ノ鳥島南方の産卵場から仔魚《しぎょ》が黒潮に乗って冬場に来遊する。温暖化で水温が上昇したため瀬戸内海へ入らなくなった可能性が高いと研究者はみる。これに対し、ハモはもともと暖海に生息し、産卵も瀬戸内海で行う。ライバルのアナゴが生息していた隙間を埋めるようにして増えたのではなかろうか。

減ったのはアナゴだけではない。伊予灘の底引き網漁基地である下灘漁協（愛媛県伊予市）の魚見宗一参事は「タチウオもアジもイカもカレイも減って、ハモしか取れんようになった」と言う。

暖海化が進む今の瀬戸内海で、ハモは独り勝ちの様相である。

はえ縄　傷めず生かして価値

瀬戸内海の主要な魚種になり、ハモの生態も少しずつ解明されてきた。冬場は餌を食べずに泥場の巣穴にこもっているという。五月頃から専ら夜間、穴から出て活動する。大きな口と鋭い歯で甲殻類や魚類を食べて太り、夏の産卵期を迎える。

ハモの漁法は二種類ある。はえ縄漁は五月から七月まで、底引き網漁は九月中旬までが主な漁期である。針で釣るはえ縄は魚体が傷みにくく、底引き網は量が取れる。

船上で死んだハモは価値が下がる。生かしたまま港に持ち帰るよう漁師たちは気を配り、活魚車で大消費地の関西市場などへ運ばれる。取れるのは三歳以上で三〇〇グラムから一キロ余りの個体が多い。

はえ縄漁といえばトラフグ。その発祥の地である周南市粭島《すくもじま》など山口県内にはフグ漁を終えた後にハモを狙うはえ縄漁師がいる。二〇一九年一二月にトラフグ漁の取材をさせてもらった岩国市漁協組合長の松浦栄一郎さん（四九）もその一人。「ハモならよう取れるよ」と聞いていた。

ハモ漁の取材をしたのは二〇二〇年六月七日である。午前四時半に岩国市新港を出て二〇分後、山口・広島県境がある甲島《かぶとじま》の西方に着いた。松浦さんが前日夕、一〇メートル間隔で針一〇〇本が付いたはえ縄を計五鉢入れておいた海域である。水平線の厚い雲越しに朝日がかすんで見える。

岩国沖でハモを釣り上げる松浦さん

水深約三〇メートルの泥場に三日月を描くように長さ約五キロのはえ縄が沈んでいる。イカの切り身を付けた針に何匹掛かっているか、ローラーで引き上げる作業を見守った。

いつもの一人操業ではなく中尾利夫さん（七〇）も乗り込んだ。イカかご漁の合間を見ての加勢で、定年後に本腰を入れた漁師を八〇歳までは続けるつもりという。最初に釣れたアカエイのトゲを切り「煮付けもええが夏は刺し身の洗いがうまいよ」。

「潮の加減か今日はハモがおらんね」と松浦さん。

一鉢目の途中からやっと続けて上がった。背の黄金色、腹の銀色を輝かせながらくねくね曲がる細長い魚体。ハモを受け取った中尾さんは糸を素早く切り、針をくわえたままのハモを活魚水槽の中に入れて行く。

続けざまに上がることもあったが長続きはしない。結局、五〇〇の針に掛かっていたハモは三〇〇グラムから一キロ余りまでの計七〇匹だった。「いいときの半分ぐらいかな」と松浦さん。それでもエアホースを入れた船内の活魚水槽にはハモの塊ができた。互いに食い付き合うどう猛な魚である。中尾さんが水槽に棒を入れてはハモ同士を引き離す。

午前六時五〇分、はえ縄五鉢を引き上げて帰路に就いた。今度は中尾さんがかじを握る。松浦さんは針の束を口にくわえて鉢を引き寄せ、切った針を付け替えていく。鮮魚店の経営も兼ねており、寸暇を惜しんでの作業である。

活魚のハモは広島市場に出す。底引き網のものより高値が付き、昨年（二〇一九年）はキロ一五〇〇円だった。しかし新型コロナウイルスの感染拡大が響き、取材時点ではその半値だった。松浦さんは岩国沖でハモはえ縄漁を始めて二〇年になる。「水温が次第に上がってきて、間違いなくハモが増えた。最盛期も一カ月近く早うなった」と感じている。以前は盆頃まで続けた漁を今年は七月半ばに終えた。表層水温が三〇度近くになり「釣ったハモが上がる途中で死ぬから」と言う。近年の海面近くの高水温は暖海に適したハモも耐えられないほどである。

底引き網　量取れてもコロナ禍

山口県内では上関町祝島から宇部市沖までの周防灘にハモの一大産卵場があり、主要漁場でもある。大半は夜間に底引き網で漁獲され、山口県漁協は「西京はも」ブランドで関西向けに直送してきた。

料理屋での需要が多い高級魚だけに二〇二〇年はコロナ禍の直撃を受けた。特に八月には大きく値崩れし、宇部市の共同出荷グループ（一六人）の村上幹男さん（五六）は「キロ八〇〇円していた活魚が二〇〇円に下がった。ハモを狙うて出る者はもうおらん」。

取材を諦めかけたが、防府市の底引き網漁業者に当たってみると「まだ出とるよ」。台風襲来の合間を見て取材に出かけた。

夜行性のハモを狙う底引き網漁船は八月三〇日午後七時二〇分、防府市の向島漁港を出た。台風一〇号ははるか南にあり暮れゆく海は波静か。野島の西方を通り過ぎて一時間半で周防灘の真ん中に着いた。

祝島の方向へ船首を向けた。月明かりに浮かぶ右の島影は大分県の姫島。左のかなたに周南市のコンビナートの明かりがかすかに望めた。

漁師歴四〇年の河内山満政さん（五八）は異常発生したユウレイクラゲに神経をとがらす。漁業研修中の宮田大治さん（三〇）に指示し、網を海に入れた。続いて網口を幅一七メートルに広げる張り竿《さお》を投入。底は水深四〇メートルの泥場である。歩く速さで引き潮に乗って東南東へ船

二度目の網に乗った大量のハモ

を進めた。

一時間たった午後一〇時すぎに船を止め、いつもより短い間隔で最初の網上げ。ローラーで巻き上げた網の底はクラゲで白くなっていた。ハモも四〇キロぐらい入ったが「クラゲの毒で半分死ぬで」。漁を諦めて帰るとの無線連絡が僚船から次々と入る。

「もう帰ろうか」と河内山さん。それでも当方の残念そうな表情が目に入ったのか。気を取り直して再び網を海に入れ、船を動かし始めた。

船首後ろのくぼみに腰を掛けながら長い待ち時間。隣の宮田さんは一一年間の工場勤務を経て今年初めから河内山さんの船に乗り込む。妻子ある身での決断で、「組織にいれば波乱はないが、自己責任でやれる仕事がしたい。人生は一回しかないし」。一年四カ月後の独立を目指す。

日付が変わって三一日午前一時二〇分に二度目の網上げ。クラゲは減り、今度はハモの大漁である。網を開いて箱に移し替える間も細長い魚体がクネクネと船上をはい回る。五〇〇～八〇〇グラム級を中心に一・五キロを超す大物も交じり、計二〇〇キロ近くが入っていた。

ハモの産卵群を狙う漁の最盛期とはいえ海の底によくこれだけ同じ魚ばかりがいるものだ。集めたハモは冷却装置で水温一六度に保たれた活魚水槽の中へ。できるだけ生かして持ち帰るためである。

エビや小魚の選別作業が終わった午前二時、干潮を迎えた。船をくるりと反転させて網を入れ、今度は満ち潮に乗り西北西へ動き始めた。

船首後ろのくぼみに腰掛けてまどろんでいると船上の照明が突然ともった。腕時計の針は午前四時すぎ。隣を見やると宮田さんは熟睡している。河内山さんが汽笛をならすと跳び起きて船尾へダッシュした。

三回目の網上げである。二回目よりやや少なめのハモを活魚水槽に移し、エビや小魚をより分けていく。東の空が赤く染まり始め、船は一路防府市の三田尻港へ。

午前六時すぎに魚市場前の桟橋に着くと、山口県漁協の軽トラックが横付けした。活ハモを荷揚げして活魚トラックに移し、「西京はも」ブランドで関西市場へ共同出荷する。「今日は荷が少ないから輸送費ばっかりかさむな」。河内山さんはあきらめ顔である。

昨夜は防府市内から七隻が出漁したが、クラゲの多さに嫌気がさして五隻は早々と引き揚げた。宇部市の共同出荷グループはキロ二〇〇〇円の安値となった八月からハモ狙いの出漁を見合わせている。

この日、河内山さんが水揚げした活ハモは一八六キロ。運賃を差し引くと案の定と言うべきかキロ一四〇円の安値だった。普段は廃棄する死魚一六〇キロにキロ一〇〇円の値が付き「トータルで赤字が出んだけまし」と自分に言い聞かせた。

二〇一九年は約一〇〇トンと山口県内トップの漁獲量の防府市で、ハモの底引き網漁が本格化したのは一九九〇年代末から。当時は約四〇隻が出漁していたが、高齢の漁業者が引退して今は一五隻に減った。そのうち六隻はニューフィッシャーと呼ばれる新規漁業就業者の船である。

小林健児さん（四〇）は奈良県出身で、会社勤めをやめて家族で移住した。「海なし県にいたが海が好き、魚が好き。取れても取れなくても自分次第なのがこの仕事の魅力」と言う。県内外のいろんな漁を体験し、ハモがバサーッと乗った網を見てここに決めた。河内山さんの船で一年八カ月間研修した後、中古漁船を入手して一年二カ月前に独立した。

網が破れたり、ユウレイクラゲの毒でハモの大半が死んだりとトラブルは絶えない。それでも師匠の背を追って多いときは一晩で三〇〇キロの活ハモを水揚げするまでに。「子育てができるぐらいは稼げる」との手応えを得た。

その矢先のコロナ禍である。悪戦苦闘を続ける中で、「新たな出荷先の開拓や保存方法に工夫の余地はないだろうか」と考えるようになった。小林さんの名刺の裏には、四季ごとに取れる魚の種類と「お問い合わせ下さい」と書いてある。

地元消費へ料理人ら試食会

山口県の瀬戸内海側で夏場に水揚げされるハモの大半は大消費地の大阪、京都市場に直送される。骨切りが面倒なこともあって地元ではあまり食べられていなかった。

地魚のイメージが薄いハモの料理を地元で広めようという動きもある。防府市の料理人たちが二〇〇五年に「はも塾」をつくり、防府天満宮にちなみ「天神鱧《ハモ》」の名でブランド化。市内の一一店が創作料理に工夫を凝らし、市民向け試食会も催してきた。

塾長で料亭経営の中谷泰さん（五六）が教える同市内の誠英高校食文化専攻クラスで二〇二〇年九月一四日、ハモ料理の試食会があった。骨切り済みの地元産ハモを焼いてそうめんに載せたほか、梅肉と一緒に茶わん蒸しに入れたり、フライにしてパンに挟んだりもした。

産地でありながらハモを初めて口にする生徒が大半だった。「くせがなく食べやすい。家でも料理してみたい」と前田朱奈さん（一六）。焦げ色が薄く付いたハモの味を「これまで食べた魚の中で一番おいしい」と感動気味に表現する生徒もいた。まず食べてみることがハモファンの底辺拡大につながると感じた。

コロナ禍で同市恒例の「鱧まつり」は中止になったが、はも塾メンバーは「鱧しゃぶ」のテークアウトを始めた。「おろしたてを使う産地ならではの味を広めたい」と中谷さん。試食会に招かれた防府市の池田豊市長も「レベルアップしてきた天神鱧を地域の食文化に育てたい」と語った。

中谷塾長㊨の指導でハモ料理をつくる生徒たち

輸送費がかからない地元での消費拡大は漁業者、消費者の双方にメリットがある。当方も周南市の道の駅ソレーネ周南で骨切り済みのハモ片身を求めてしゃぶしゃぶにしてみた。値段の割に大満足の味だった。地魚として店頭にもっと押し出してみてはどうだろうか。

ハモは活魚で出荷する。一定の割合でどうしても出る死魚を防府市の底引き網漁業者の多くは廃棄している。河内山満政さんの漁を取材した際には、山口県漁連が死魚をキロ一〇〇円で引き取った。下関市内の水産加工会社に送り、学校給食向けのつみれ団子などにするという。

はえ縄で釣る岩国市漁協組合長の松浦栄一郎さんは他の漁業者の分も含め自らの鮮魚店で死魚を一次処理する。下関市の水産会社が冷凍保管し、天ぷらや照り焼き素材に加工して関西の量販店に送っている。限られた漁業資源を無駄なく活用するために、こうした流通加工ルートの拡充も課題である。

汽水域でも 青ノリ

棒に絡めて浮輪のかごへ

乾いた筋状の青ノリをあぶってもむと細かい粉になる。しょうゆを少々落とし、ご飯に載せて食べると口の中に広がる香ばしさ。アオサなど類似品にない風味の良さが山口育ちの当方には懐かしい。広島ではお好み焼きの供である。

正式名はスジアオノリ。清流の汽水域に生える。養殖物も含めて採れる量が減り、天然物の産地は全国でもわずか。その一つが山口県下関市豊北町粟野の粟野川河口付近である。

青ノリが水中で伸びることを「立つ」と言う。昔は一二月から立ったが、近年は三月にずれ込む。山口県漁協粟野支店の青ノリ管理委員、満畑寛さん（六六）から「立ってきた」と聞いたのは二〇二〇年三月第二週の初めだった。満畑さんは地元名物青海苔《あおのり》羊羹《ようかん》の製造元だるま堂の主人でもある。

ところがその週末に局地豪雨に見舞われて「流れてしまうた」とのこと。一斉採取は三月二四

青ノリは棒先に絡めて取る

日にずれこんだ。

当日は晴天。午前八時の開始前から河口近くの河川敷に五〇人余りが集まった。六〇～七〇代の女性が目立つ。胴長靴姿で青ノリを採る棒を手に、続々と川に入って行く。まだかまだかと待ち構える勢いに押され、予定三分前に満畑さんは合図のカンカンを船上からたたいた。

採取開始である。川底を覆う小石から長さ一メートルほどに立った青ノリを、多数の突起が付いた棒に絡めて採って浮輪のかごへ。鮮やかな緑色の青ノリでかごはいっぱいになっていく。次回用に残すために二〇分間の時間制限である。

漁協組合員以外は採取の権利を買い取る仕組み。岡田和美さんは四年前、権利と道具一式を譲ってもらった。「まだ新人」と言いながら青ノリをせっせと棒に絡める。早期退職して夫婦で京都から粟野に移住して九年。「よそでは絶対できない体験」と念願だった海に近い土地での暮らしを満喫している。

採った青ノリは各自持ち帰って水洗いし、できるだけ速く乾かす。「採るのは面白いが、後が大変」と岡田さん。水をたっぷり含んだ重い青ノリの塊を軽トラックの荷台に載せて走り去った。

冬の水温上昇で収量減か

淡い緑のすだれが春風に揺れている。下関市豊北町の粟野川で地元住民が朝採ったスジアオノリである。真水で洗い、午前一〇時頃から庭先や空き地に縄を張って干す。表が乾くと縄目を浮かせて裏側も乾かす。

みんなで採るたびに乾燥青ノリを県漁協粟野支店に持ち寄って入札に掛ける。昨年（二〇一九年）は六回の入札で計一〇七キロを扱ったが、二〇二〇年は三月下旬から四月初めまでの三回で計三七キロだった。少量だけに値段はキロ約四万円と昨年をやや上回った。

五年前の二〇六キロから五分の一以下に減った。水温上昇との関連を疑う人もいるが、漁協支店青ノリ管理委員の満畑さんは「実際はよう分からん」と首をひねる。「冬に採れた頃はもっと香りがよかった」と地元で言われるように近年は香りも落ちている。やはり採取時期の遅れが影響しているようである。

山口県内では、長門市の三隅川河口でも天然物と網を張っての養殖物が採れていた。二〇一八年からさっぱり付かなくなり、地元の青ノリ組合は解散した。瀬戸内海側の山口湾での養殖物も採れなくなって七、八年になる。

高知県の四万十川でもかつて一〇トン以上採れた天然物が二〇一九年は一〇キロに激減し、二〇二〇年も三〇〇キロにとどまる。西日本各地の産地もほぼ似た傾向である。徳島県の吉野川では二〇年余り前から養殖が盛んで、年間七〇〜八〇トンと国産の九割を占めたが、近年は育ちが悪く二〇二〇年は約一〇トンにとどまった。

四万十川で調査を続ける高知大の平岡雅規准教授は、冬場の水温上昇の影響を指摘する。「川の中にある胞子からスジアオノリが育つためには、水温が二〇度より下がる必要がある」と言い、その時期が四万十川では一カ月近くずれ込んで一二月末ごろになったことが響いたとみる。

四万十川のスジアオノリは冬ノリ、春ノリに大別され、「主力だった冬ノリが激減」（平岡准教授）との傾向は栗野川にも当てはまる。

春の風物詩になっている青ノリ干し

スジオオノリを扱う三島食品（広島市中区）は「生産減で調達が年々難しくなり、輸入にも枠がある」（宗利俊幸資材部長）ことから陸上養殖に乗り出している。高知県室戸市の施設に次ぐ二カ所目の養殖施設を広島県福山市走島に設け、二〇二〇年六月から操業を始めた。当初は年間一〇トン、いずれは二〇トンの生産を目指す。

平岡准教授によれば、スジアオノリは胞子から二〜三週間で目に見えるサイズに伸び、後は掛け算式に増える。水温二〇～一五度の環境下との条件付きである。温暖化の進行で天然物の将来が危ぶまれる。

〈取材余話（5）〉回遊魚（2）

回遊魚の中でも長距離移動をものともしない魚たちがいる。海で育った後に生まれた川に戻ってきて産卵するサケ、川で育って産卵のために太平洋を南下して海底山脈付近に向かうウナギがよく知られている。

正式にはマアナゴと呼ばれるアナゴもウナギに似たダイナミックな回遊をする。南の海から柳の葉のような仔魚《しぎょ》（稚魚の前段階）が黒潮に乗って来ることは第三章で紹介したが、ウナギの回遊に比べ世間一般での認知度はあまり高くない。

二〇〇八年に、ウナギ仔魚の回遊について調べていた水産庁の調査船が、沖ノ鳥島南方海域で網を引いてサンプルを採取した。その中にふ化後間もないマアナゴの仔魚二匹がいた。ふ化後三～四日とみられる全長五・八ミリの仔魚は同島南方約三八〇キロの海域で採取され、未発見だったマアナゴの産卵場と特定された。

研究成果が水産総合研究センター（当時）の黒木洋明氏らの共同執筆論文「九州パラオ海嶺海

域におけるマアナゴ産卵場の発見」として発表されたのは四年後の二〇一二年。日本水産学会論文賞を受賞したが、採取から年数がたっていたこともあってか記事の扱いは地味だった。世間の耳目を集めたとまではいえない。

そのせいだろうか、取材で出会った広島湾や島根沖の日本海でアナゴを取る漁師たちは、ウナギの大回遊は知っていても「アナゴは違うだろう」という反応だった。

さて、発見されたマアナゴの産卵場の位置はというとフィリピン・ルソン島から千数百キロ東の海域（北緯一七度、東経一三六度）で、九州パラオ海嶺《かいれい》と呼ばれる海底山脈付近である。ちなみに塚本勝巳東京大特任教授らが二〇〇五年に発見したウナギの産卵場は、西マリアナ海嶺付近（北緯一四度、東経一四二度）である。マアナゴ産卵場はここから西北西約七〇〇キロというから東京から広島までぐらいの距離である。

同じウナギ目に属するアナゴとウナギの回遊パターンは似ている。成熟した雄と雌が海底山脈の近くに集まって産卵し、ふ化した仔魚は西向きに流れ、フィリピン沖で黒潮に乗る。流れに乗りやすい葉の形の仔魚はやがて魚の形の稚魚に変態する。

アナゴの場合、ノレソレと呼ばれる仔魚の段階で日本沿岸に来て、高知県などでは珍味として食される。多くは瀬戸内海などの浅い海の底で過ごした後に変態し、二歳を過ぎると内海から沖合に出て成長する。これに対しウナギは外洋で変態し、稚魚のシラスウナギの形で接岸する。早ければ中国南部や台湾沖で、遅いグループは日本南西部で変態して沿岸の汽水域から川を上る。

ところが同じウナギ目でもハモの産卵場は近場の海である。瀬戸内海でも夏ごろに中層で産卵し、ふ化した仔魚は一年間の浮遊生活を送って変態する。遠くまで回遊せずに種を残せる方がずいぶん簡単で楽そうに見えてくる。

それに引き換え、アナゴやウナギはなぜそこまで大回遊しなくてはならないのだろうか。外敵の少ない環境で産卵し、餌の多い海域で成長するためなのだろうか。いまだ生命の神秘の領域にあるようだ。

大回遊をする回遊魚たちは、においや水温、塩分濃度などを感知しながら目的地を目指しているらしいことが次第に分かってきた。すごい能力ではあるが、そうした指標が変動するような環境の変化にはどうも弱いようだ。

アナゴの仔魚は水温一〇～一六度で接岸するが、温暖化による水温上昇で瀬戸内海などには入りにくくなってきた。それが漁獲激減の要因とみられる。ウナギは川へ設置されたダムや堰《せき》により、遡上《そじょう》を妨げられてきた。今では川を上る前にシラス段階で取られて大半が養殖に回される。

環境が変動する時代の生存戦略としては、シンプルなライフサイクルを送るハモの方がなにかと有利かもしれない。その漁獲量は近年の瀬戸内海では珍しいぐらい増えている。

一方で、大回遊する魚たちの「苦境」は、坑内に入る炭鉱員たちに異変を知らせたという「籠の中のカナリア」を思い起こさせる。

イカナゴ

シンコはどこへ

解禁日　大阪湾は前年の一割

イカナゴはもともと、北方の魚である。水温が二〇度を超す六月末から海底の砂に潜って体力を温存し、冬の産卵に備える。この夏眠《かみん》に適した砂が瀬戸内海には豊富にあり、格好の寝床と産卵場になってきた。

広島、岡山、愛媛、香川県などでは高度成長期、コンクリートの骨材用に海砂《うみずな》がごっそり取られてイカナゴは激減した。兵庫県では陸揚げした海砂からイカナゴが飛び出すのを目撃した漁業者の訴えがもとになり、一九六一年から海砂採取禁止が始まり、一九六六年には県規則で禁じた。

兵庫県ではイカナゴは今も特別な魚である。明石市沖に明石海峡の潮流がつくった鹿ノ瀬という一万ヘクタール余の砂地の浅瀬がある。ここで夏眠明けの一月初めに産卵ふ化し、播磨灘や西風に吹かれて大阪湾に広がった体長三～四センチの稚魚をシンコと呼ぶ。

試験操業で育ち具合を確かめて漁の解禁日が発表され、その日は早朝から鮮魚店にシンコを求

垂水漁港に初水揚げされたイカナゴ稚魚のシンコ

める行列ができる。調理法はくぎ煮である。水揚げから二、三時間で炊かなければ煮崩れやすく、買う側も時間勝負。スーパーはシンコのそばに醤油《しょうゆ》、ざらめ糖、ショウガなどをセットで置き、くぎ煮炊きはご当地の一大イベントである。

二〇一九年は三月五日が解禁日だった。資源保護のため少しでも大きくして取ろうと例年より一週間遅れである。二艘《そう》で網を引く漁船の航跡が早朝の海上に交錯する。神戸市の垂水漁港には午前八時ごろ、大阪湾に出漁した漁船が次々に帰ってきた。

残念ながら事前の不漁予想が当たった。水揚げして桟橋のローラーに載せられた籠（二五キロ入り）は一統当たり一つから多くて九つと前年の一割以下。競り落とす仲買人の表情もさえない。その代わり一籠当たりの浜値は平均約七万円だった。「一〇年前は一籠約三万円、二〇年前は約一万円だった」と神戸市漁協の伊藤勝司総務課長。小売り値は一キロ三千円以上と一〇年前の数倍に跳ね上がった。

それでも品不足で売り切れが続出。同市のスーパーでも「漁がさっぱりで」と店員が客に頭を下げ続けた。

兵庫県明石市の魚の棚商店街には鮮魚店や料理屋が軒を連ねる。イカナゴ漁が解禁された三月五日から、くぎ煮の店頭販売に列ができた。一〇〇グラムが九〇〇円。買い求めて数日たった方が味がなじみ、ご飯がすすんだ。

年明けに生まれたイカナゴ稚魚のシンコ一キロに対し、醤油《しょうゆ》とざらめ糖各二〇〇グラムにショウガ、みりん、酒などを加える。不漁でシンコが高値となり家で炊く人は減ったが、各家の味付けがあるという。

兵庫県の春の風物詩であるくぎ煮だが、歴史は意外に新しい。イカナゴが大量に取れる明石市の漁協婦人部が一九八五年ごろ、魚食普及の料理として広めたのが始まりという。

当時、水産研究者として同市の林崎漁協に在籍していたのが鷲尾圭司・水産大学校（山口県下関市）代表である。鷲尾さんによれば、それまでは養殖ノリ作業が終わる五月から大きくなったイカナゴを取り、養殖魚の餌用に安値で売っていた。三月に三～五センチになるシンコの加工法を模索する中で今のくぎ煮が生まれる。

釘に似た形状からそう呼ばれた地元の漁師料理はもっと大きなイカナゴを使い、味も濃過ぎた。魚臭くないシンコをマイルドな味付けで炊くレシピを考案したことが一般消費者に受けた。明石市や神戸市西部の漁協と連携して公民館などで料理教室を春に開いた。「手作りが見直される時代に合った消費者参加型の地域特産づくり」（鷲尾さん）だった。

店頭販売されるシンコのくぎ煮

爆発的に広まったのは阪神大震災（一九九五年一月一七日）の後である。五キロ、一〇キロを炊き、支援してくれた各地の人々に無事にやっているという知らせに感謝の気持ちを添えて送り、全国的に知れ渡った。

イカナゴ漁獲が兵庫県だけで毎年一万トン以上あった時代で、水揚げ直後のシンコがキロ五〇〇円で買えた。ところが二〇一七年から漁獲は千トン台に急減し、今年はかつてない不漁に。シンコもキロ三、四千円台になり、くぎ煮ブームも曲がり角にさしかかっている。

同県では三〇年余り前からイカナゴの資源管理に取り組む。資源調査や試験操業を経て解禁日と終漁日を決め、翌年に資源を残すようにしている。二〇一九年は大阪湾での操業はわずか三日、播磨灘も三週間で終わった。

大阪湾に出漁した淡路島岩屋漁協の菱谷康人さん（六八）は「漁が以前の一割以下では三日間での網揚げもやむを得ないが、資源を守るための努力も限界」と言う。

餌不足 産卵に影響か

イカナゴ稚魚のシンコの中で腹部が赤いのはアカハラと呼ばれ、独特のうま味がある。十数年前までは兵庫県内でもよく取れたが、近年はめっきり減った。

動物プランクトンでケンミジンコの別名があるカイアシ類。その中で体に油球を持つ種類を多く食べたイカナゴがアカハラになるという。「アカハラ減少は餌状態が良くない証し」と兵庫県水産技術センターの西川哲也上席研究員は指摘する。

こうしたカイアシ類は時に爆発的に発生する植物プランクトンを取り込んで油の形でため込む。とりわけ外洋にこの種類が多く、餌として食べるサンマやイワシに脂が乗る。

播磨灘での同センター調査では、イカナゴの餌となるカイアシ類の数は一〇年前から減少傾向。鹿ノ瀬で夏眠《かみん》中のイカナゴの肥満度も低下している。餌を十分に取らず痩せたイカナゴは夏を越せないか、越せても産む卵の数が少ない。「餌不足が産卵に影響を及ぼしているのでは」と西川さんは懸念する。

カイアシ類はなぜ減ったのか。瀬戸内海の富栄養化を抑える排水対策を進めた結果、播磨灘沖合の窒素濃度は環境基準の一リットル当たり〇・三ミリグラムを大きく下回るように。透明度は増したが、窒素やリンなど栄養塩の少ない貧栄養の海になった。

西川さんは「まだ仮説段階」としながら、食物連鎖の底辺に位置する植物プランクトンの珪藻《けいそう》の種類に着目する。カイアシ類は通常は〇・〇二ミリの珪藻を食べるが、〇・〇六〜〇・〇七ミリと食べることが難しい大きさのユーカンピアという珪藻が近年、増えている。一～四月の播磨灘で珪藻の半分を占める時期があるほど。

冬の水温が高ければ貧栄養でも増殖するユーカンピアは今の播磨灘の環境に適している。餌不足でカイアシ類が減り、その結果イカナゴの餌不足も招いている可能性がある。

イカナゴは北方由来だけに夏場の高水温にも弱い。香川県水産試験場の試験では、夏眠中に二六度が一カ月続くと九％、二八度だと一七％がへい死した。同県沖の備讃瀬戸は潮流でかき回されて海底水温が上昇しやすい。「夏に二八度以上の日が続くと漁獲が減る傾向にある」と同試験場の赤井紀子主任研究員。

一方、播磨灘は二八度まで水温が上がる日はまれである。イカナゴ不漁について「栄養塩の低下による餌不足が主因では」と西川さん。要因は複合的でも、おのずから海域の特性が反映しているようだ。

えぐられた砂地　漁獲激減

愛媛県今治市の大島と大三島の間は、斎灘《いつきなだ》と燧灘《ひうちなだ》を結ぶ海峡である。潮が行き来する海峡の中央部にブイが四つ浮いていた。海面下には幅二〇メートル余りの網があり、潮流を受けて袋状に膨らんでいる。袋待ち網と呼ばれ、元来はイカナゴを取る仕掛けである。

この道三四年になる同市宮窪町（大島）の北龍人さん（五二）の網揚げを二〇一九年四月に取

袋待ち網の引き揚げ作業

材した。網の左右を固定していた人の背丈ほどの錨《いかり》を引き揚げ、ローラーで網を巻き上げる。若手漁師と二人で二隻の船上を格闘技のように素早く動き、船は大きく揺れた。

漁獲はコウイカの仲間シリヤケイカがトロ箱三杯と二キロ級マダイ一匹。イカは高値が付く韓国や中国に輸出される。三〇年以上前には網に三〇〇～四〇〇キロは入っていたイカナゴが今はまばら。この日も一キロ足らずで売り物にもならない。

「砂をごっそり掘ったから」と北さん。かつては海峡西側に水深一〇メートルの砂地の浅瀬が広がり、イカナゴの夏眠《かみん》場と産卵場だった。愛媛県が二〇〇六年に禁止するまで海砂《うみずな》採取が続き、今は三〇～四〇メートルの深さという。

広島県側でも大崎上島（同町）、岩子島（尾道市）、走島・宇治島（福山市）などで袋待ち網漁が行われ、一九八五年のイカナゴ漁獲量は年五百トンあった。一九九八年まで続いた海砂採取が響き、袋待ち網漁は二〇一四年に走島を最後に途絶えた。

広島県は二〇一五年夏、竹原、三原市の沖合と大崎上島町周辺の海砂採取跡でイカナゴ生息数を調べた。三カ所から見つかったのは一匹だけ。砂がえぐられた採取跡地は元に戻っておらず、予想通りの結果である。

考えさせられるのは海砂を取っていない周辺海域四カ所での計一〇匹というデータである。海砂採取禁止直後の一九九八年に一一七匹だったのが一九九九年四五匹、二〇〇五年一一匹と次第に減っている。

「海砂採取に加え餌減少や水温上昇が複合的に影響している可能性がある」と瀬戸内海区水産研究所の高橋正知研究員。北さんは「海がきれいになり過ぎたことも大きい」と感じている。

イカナゴを模したルアー（疑似餌）が船釣りでよく使われる。夏眠中《かみん》のイカナゴが驚いて逃げる様を再現するかのように砂地の海底に落として引き上げると、さまざまな魚が食い付いてくるという。

魚の餌となって漁業生産の底辺を支えてきたイカナゴ。広島県呉市豊浜町の漁師は「漁港内にもようけおったが、最近は姿を見ん」と言い、いろんな魚が減った理由の一つと考えている。

一九九〇年代に全国で年一〇万トン程度だったイカナゴの漁獲量は減り続ける。二〇一四年までは三万トン台で、瀬戸内海産が半分近くを占めた。やがて伊勢・三河湾で取れなくなり、二〇一七年には兵庫県の不漁が響き一万二千トンと急減。危機的な資源状態である。

海砂《うみずな》採取がほぼ禁止となる二〇〇〇年代初頭までは夏眠場の砂を奪われたことが大きかった。

その後は窒素、リンなど栄養塩不足による動物プランクトンの減少で餌が少なくなったことや、水温上昇の影響も受けているとみられる。

イカナゴ資源の回復策としては、海の栄養塩の中で特に不足しがちな窒素の排出量を増やすことぐらいしかないようだ。養殖ノリの色落ち問題も抱える兵庫県がその先頭を走る。

播磨灘沖合では二〇〇〇年代初めに一リットル当たりの窒素濃度〇・三ミリグラムの環境基準を達成し、今は〇・一七〜〇・一八ミリグラムに下がった。同県は二〇一八年度から臨海の浄化センター三カ所で、一一〜四月に普段の二〜四倍の濃度の窒素排出を始めた。他の浄化センターも窒素除去の緩和運転を試行する。「効果を確かめながら息長く取り組む」（同県水大気課）構えである。

国も豊かな海づくりに向け瀬戸内海環境保全特別措置法を二〇一五年に改正、沿岸府県は湾灘ごとに協議会を設けた。ただ貧栄養化が水産資源に与える影響についての研究結果を国はまだ示さず、広島県など多くの府県は模様眺めである。「データが完全にそろうのを待っていては手遅れになる」との声が漁業者や一部の研究者からも上がる。

水温上昇によるイカナゴ資源の減少には打つ手はないようだ。分布のほぼ南限になる福岡県の福岡湾口付近では二〇〇八年から漁獲ゼロに。その数年前から夏眠中の高水温が続き、死滅や産卵数減少を招いた可能性がある。根強いファンがいた「アカハラちりめん」も幻の食材となった。

海の豊かさの指標にもなるイカナゴは、環境の変化を知らせるセンサーのようでもある。

回遊異変

ケンサキイカ

いさり火の下　釣り機の音

日本人はイカ好きである。水産庁の消費統計によれば、二〇〇〇年代半ばまで一人が年間約一キロのイカを食べて生鮮水産物の一位だった。ところが二〇一七年には〇・四キロと半分以下に減り、サケやマグロ、ブリ、エビに抜かれて五位になった。

不漁が主な要因である。最も漁獲量が多いスルメイカは二〇一一年の二四万トンが二〇一九年は四万二千トンにまで激減。白イカ、水イカなどとも呼ばれる山陰沖のケンサキイカも二〇一九年は夏の終わりからぱったり取れなくなった。釣り漁のメーン魚種だけに、漁業関係者の間に衝撃が広がっている。

初夏の宵、イカ釣りのいさり火が日本海に連なる。風情漂う海景だが、いさり火の直下はどんな様子なのか前から興味があった。

二〇二〇年八月三日夕、この道四三年の島根県大田市五十猛《いそたけ》町、三井秋幸さん（七三）のイカ釣り漁に同行した。港を出て約六キロ沖で船は止まった。なぎとはいえ、周期的に船体を揺らすうねりに身を任せる。直径一〇メートル余のパラシュートを海中に投入すると、船が潮に乗って揺れが収まった。緩やかに東北へ流れ始める。水深は一〇一メートル。

水平線に日が落ちた午後七時半、九つの集魚灯がともった。一灯三キロワットの蛍光色の光は海中の小魚を集め、ケンサキイカが餌を求めて寄ってくる。船上は真昼以上の明るさで、強烈な光を直接浴びると肌が焼ける。帽子が必需品である。

船端のイカ釣り機四基がカッチャカッチャと回りだす。釣り糸には疑似餌を挟みに来るイカの足を引っ掛けるギザギザ状の針が一メートル置きに三〇本付いている。それを海中に落としては巻き上げる。一基に二セット備えるから計八人力。エンジンが発電用にうなり続け、さながら夜の海に浮かぶイカ釣り工場である。

釣れたイカはドラム上を回りながら針から外れて船上に落ちる。三井さんは拾い集めて大きさ別に仕

イカ釣り機に掛かったケンサキイカを箱詰めする三井さん

分け、四～五キロ入りのトロ箱に並べるだけ。「つるし柿のように連続して上がることもあるで」。切れた重りの付け替えなどトラブル対応も含めイカ釣りゲームのようでもある。

二〇一八年秋には一晩一〇〇箱の大漁もあった。今年（二〇二〇年）は一〇～二〇箱と例年並みだが、コロナ禍で二、三割安の一箱五千円程度という。

この日は満月。次第に霧が晴れ、海面を照らす月光が集魚灯の効果をそいだ。午後一一時、イカを船近くに集める赤色のハロゲン灯に切り替えたが、釣り機には全く掛からない。三井さんに教わり手釣りをしてみた。機械にはできない小刻みな糸の上下を繰り返すと七匹釣れた。

約四キロ流される間に大小取り交ぜ三箱分の漁獲。通常は午前四時まで続ける操業を早々と切り上げ、零時半に帰港した。「月がなけりゃ二〇箱は釣れた」と三井さん。きれいな満月を初めて恨めしく眺めた夜だった。

山陰でシロイカと呼ばれるケンサキイカ。先がとがった形が特徴だが、秋口からはずんぐり体形に変わりブドウイカの別名もある。広島などの鮮魚売り場ではこれらを一括して水イカと表示することが多い。

三井秋幸さん（七三）は三〇歳で船を持って一〇年間はスルメイカ、その後の三三年間は主にケンサキイカを釣ってきた。一九八二年に七八歳で他界した父の仁作さんもイカ釣り漁師だった。

三井さんは中学一年から三年間、長崎県の対馬に住んだことがある。仁作さんが秋冬にスルメイカ漁をしていた対馬に一家で移住し、スルメ加工も手がけた。父と漁に出ると暗い集魚灯でも船が沈むほどイカが釣れた。舞い戻ったのは陸の商売が難しかったからである。

父は対馬でイカ釣り機の原型となる手動装置を使っていた。三井さんもイカ釣りを始めるときに手動の板製ローラーを手作りし、その後にモーター付きイカ釣り機を増やしていった。板製ローラーを手で回し、やがて鉄工所でローラーの心棒にハンドルを付けてもらった。

最新のイカ釣り機は一基八〇万円。ボタン一つでいろんな調整ができるが、手釣りのように針を微妙に動かしてイカを誘うことはできない。「機械は灯を明るくしないと釣れん」。釣り機五基を備える三井さんは手釣りを今も併用する。

流し釣りはパラシュートの投入ポイントが鍵を握る。同乗した八月三日夜、魚礁や海底地形を勘案した想定コースよりやや沖に流された。「毎日違う潮の流れをどう読み、勘を働かせるか。この年でも失敗ばかりで勉強することが多い」と三井さん。

五十猛のイカ釣り漁師は昭和の終わり頃の三〇人が今は一〇人に。手釣りを続ける九〇歳代半ばの人もおり、三井さんも「あと一〇年は」と思っている。最若手は息子の悟さん（三六）で船を持って一〇年。「覚えるのに必死だったが、やった分だけ返ってくる」と手応えを口にする。

海の中では予期せぬことが起きる。五月から通常のケンサキイカ、八月末から冬までブドウイカという漁のパターンが昨年（二〇一九年）は崩れた。最盛期のはずの九月になってもブドウイカが全く取れなかった。三井さんは急きょ、アマダイのはえ縄漁に切り替えたほどである。

今年八月三日の夜、去年は姿が見えなかったブドウイカの子どもが交じって釣れた。「この秋はそこそこ取れるんでは」。三井さんは明るい兆しを感じ取っている。

手釣り活イカ　復調願う

「須佐男命《みこと》いか」ブランドで知られる山口県萩市須佐で、イカ釣りに帽子は必需品か聞いてみた。「いいや」。須佐一本釣船団長の一木《いちき》清久さん（六七）はけげんな顔をした。

須佐のイカ釣り漁船の集魚灯は三キロワットが三個。総光量は船上で日よけが要る島根県の機械釣り漁船の数分の一と、ささやかな明るさである。その代わり手で丁寧に釣る。生かしたまま出荷する活《かつ》イカが須佐の売り物である。

五月末から二〇隻余りが漁港のすぐ沖でケンサキイカを釣っている。一木さんは午後七時半過ぎに点灯し、釣り糸三本を垂らす。船の左右に下ろした糸をしゃくり、前方のさおをしならせてイカを誘う。

釣れたイカをひっくり返すと針から自然に外れていけすの中に。「イカがやけどするから」と手で触らない。機械釣りの対極にある漁である。午後一一時半ごろまでに帰港。陸上水槽で泳がしておき、山口県内や広島、島根、九州などから来る活魚車に引き渡す。

二〇〇六年に商標登録したブランド活イカは普通のイカに比べ五割高で取引されてきた。ただ、二〇一一、二〇一二年に九〇トンあった水揚げは四年前から四〇～五〇トンに減り、昨年（二〇一九年）はわずか二二トンに落ち込んだ。盆明けから取れていたブドウイカが全く姿を見せな

イカ釣り針を手入れする一木さん

かったことが響いた。二〇年続けてきた「いか祭り」も不漁で中止に追い込まれた。

「今年（二〇二〇年）は小型を中心に一晩五箱前後。昔のように忙しいくらい釣れることは少ないが、昨年よりはまし」と一木さん。ところが今年はコロナ禍で夏場に集客してきた直売市が開催できなくなり、いか祭りも二年連続で中止になった。

イカ釣りの盛衰は漁業者の収入に直結する。山口県漁協須佐支店の二〇一八年度のイカ水揚げ額は五〇七三万円。近年最高の二〇一二年度一億四四八九万円から六五％も減少した。

須佐のイカ釣りの担い手は六〇、七〇歳代が多い。新規就業者も受け入れてきたが、「このままでは子育てをしながらの漁業が難しくなる」。ブランド維持に向け一木さんは漁の復調を願うばかりだ。

海流の変化が原因か

たいていのイカは一年で一生を終える。日本海で取れるケンサキイカの場合、東シナ海で産卵・ふ化し、対馬暖流に乗って春以降に九州、山陰の沿岸へ回遊して来る。

夏までは先がとがった通常体形のケンサキイカが来遊する。九州沖で四月頃、山陰沖では六月頃に海底の砂地に産卵する個体が多い。

一方、秋から初冬の来遊群は同種でも頭が丸くずんぐりしている。ブドウイカと呼ばれ、低水温下で成熟を断念した結果の体形という。

夏の終わり頃から現れるブドウイカが昨年（二〇一九年）は姿を見せなかった。この異変で島根県のケンサキイカ漁獲量は二〇一八年の一二八一トンから一九年は五六二トンと半分以下に減った。

イカを釣る大田市五十猛町の三井秋幸さんは昨夏、クロマグロの稚魚ヨコワの大群を目撃した。「イカや餌の小魚も大量に食べる」。山口県側でもイカに食い付いてヨコワが上がった事例があった。「国際的な資源保護策でマグロが増えてイカが減る」と危惧する漁業者もいる。ただ、それだけで回遊異変を説明するのは難しそうだ。

海流の変化に着目する研究者もいる。佐賀県高等水産講習所の山口忠則さん（五四）は「朝鮮半島の東側付け根付近の海水温が昨夏から高くなり、対馬暖流の流れ方が変化したせいではないか」と見立てる。

北半球の暖流は右側に高水温域、左側に低水温域を置いて流れる。左側海域の水温上昇が対馬暖流の勢いに影響を与え、東シナ海から北上するブドウイカが太平洋側の黒潮に乗ったのではとの仮説である。

年間一〇トン台だった宮城県沖のケンサキイカ漁獲は二〇一七年から急増し二〇一九年は一八四トンに。黒潮の流路変動による海水温上昇に加え、対馬暖流の変化も要因になった可能性がある。

対馬暖流左側の高温傾向は二〇一九年ほどではないがまだ続く。島根、山口県沖では前年は取れなかったブドウイカが二〇二〇年は八月から少し交じり始めた。秋以降の日本海側の漁獲が回復すれば「仮説を見直さなければならない」と山口さん。九州大と連携し、海流変化の分析を通じて回遊の謎に迫る研究に着手している。

地種《じだね》求めて

アサリ

食害で低迷　網掛け普及

潮風がまだ冷たい二〇二一年二月一三日、広島県廿日市市大野町から厳島神社のある宮島の多々良潟に漁船で渡ると、異様な光景が目に入ってきた。潮が引いた干潟の周りに高さ三メートルの柵網が張り巡らされている。ナルトビエイやチヌなどアサリを食べる魚の侵入を防ぐためだ。干潟の表土も網で覆われている。

「一九年前に柵を張ったが防ぎきれず、一五年前に浜へも網をかぶせた」と松本清隆さん（八七）。網にびっしり付いた緑色のアオサやカキを取り除く。網掃除は浜土への通気を良くし、稚貝に育つアサリの幼生を付着させるためにも欠かせない。

本土と宮島に挟まれた大野瀬戸。広島湾奥から山口県岩国沖にかけて海水が行き来する。「昔はいろんな貝やエビがいっぱい湧いて、魚によるアサリの食害もなかった。小瀬川（広島・山口県境の一級河川）の弥栄ダムが山からの水を止めたりして海が変わった」。元大野町漁協組合長で

干潟の網を覆ったアオサを取り除く松本さん

山へ植林にも行った松本さんはそう感じる。

瀬戸内海のアサリ漁獲量は一九八〇年代半ばに四万五千トンあった。二〇一八年には五〇〇〇分の一の八三トンにまで激減し、そのうち「大野あさり」が四三トンと五割余りを占める。大野瀬戸には明治中期に区画が細分化された大野側の前潟（八・八ヘクタール）や大区画の多々良潟（一一ヘクタール）などのアサリ漁場がある。

稚貝をまいて育てる養殖方式で、地元に湧く天然ものに加え、外部から稚貝を買った。戦後間もなくは広島湾内の近場から、やがて九州や三重、愛知県などからの購入に頼るようになった。大きく育てて出荷されたアサリは一九九〇年には大野瀬戸全体で三六二トンに上った。

一九九〇年代末ごろから水温上昇の影響で増えたナルトビエイなどによる食害が目立ちだす。取れるアサリも年三〇~七〇トンに低迷し、二〇〇〇年代半ばから浜への網掛けが普及した。

アサリ不漁の原因は、貧栄養化による餌不足や暖海化など複合的である。網掛けしても漁獲量は上向かなかった。大野地区三漁協の有志約一〇人が二〇一三年、資源回復を目指して「前潟干潟研究会」を結成。購入が難しくなってきた稚貝を自前で賄えないか模索を始めた。

初代代表の松本さんが「昔は宮島の浜で春先から稚貝を取っていた」と研究会で明かす。そこから新たな展開が始まった。

稚貝の育成　新方式が奏功

広島湾の多くのアサリは五～六月と一〇～一一月に産卵し、殻長三センチの雌は一〇〇万個近い卵を産む。受精卵からふ化した幼生は海中を約三週間漂って砂浜に着底する。

その前に関門がある。「大野あさり」の地元に立地する水産研究・教育機構水産技術研究所廿日市拠点（前・瀬戸内海区水産研究所）の浜口昌巳主幹研究員によれば、餌となる小さな植物プランクトンが大量発生していないと幼生は育たない。

プランクトンを育てる栄養分が減ってきた瀬戸内海だが、「広島湾奥の太田川河口域から大野瀬戸にかけては幼生の餌が湧き、育つ条件が整っている」と浜口さん。中でも一一月に大野瀬戸で生まれた幼生は同海域で育ち、湾奥生まれは宮島の東回りで南下することが分かった。

その両ルートから幼生が集まるのが宮島の南端に近い長浦。松本清隆さんがかつて稚貝を取っていた浜である。漁業者有志でつくる「前潟干潟研究会」は広島県、廿日市市、同廿日市拠点の協力を得て天然稚貝の採取と育成に乗りだした。

秋に生まれた幼生は五月ごろに米粒大の稚貝になる。最初は浜に網を掛けたが、波で流されたり砂に覆われたりした。試行錯誤の末、稚貝がいる浜の表砂を集めて袋網に入れる方式に切り替

稚貝入り砂袋を浜辺に並べる作業（広島県水産課提供）

えた。結成三年後の二〇一六年に軌道に乗り、今は「大野方式」と呼ばれる。

幼生の着底場所は毎年異なる。稚貝分布調査を基に場所を決め、会員ら三〇人余りが干潮前に宮島側の浜に船で渡る。潮が引くのを追いかけながらの作業で、稚貝入り表砂を詰めた袋網をできるだけ沖まで持って行く。五月の数日間で多い年は一万袋以上を浜に並べた。

八月には袋網の中で一・五センチ程度に育った稚貝を回収して前潟にまく。「ピチュピチュと音を立てて砂の中に入っていく。地元の稚貝は強くて育ちも良い」と現在の研究会代表の下戸成治美さん（七二）。「地域に適応してきたのが地種の強み。広島カキのような地域完結の生産体系ができた」と浜口さんも評価する。

確保した稚貝は二〇一五年五九万個、二〇一六年二六八万個と目標の四〇〇万個に向け順調に増えた。ところが二〇一七年以降、長浦で見つかる稚貝が急減してブレーキがかかった。

海を渡る風も春めいてきた二〇二一年三月一三日の夕刻、大潮で干上がった浜に一〇〇人近くが繰り出した。対岸に宮島を望む廿日市市大野地区の前潟は総面積八・八ヘクタール。整然と分けられた七五〇の区画ごとに魚の食害を防ぐ網が掛けられている。

まいた稚貝を二年ぐらい育てて殻長三・五センチになったら出荷する。さながら畑である。網の表面をびっしり覆ったアオサを放置すれば隣の区画にはみ出して迷惑が掛かる。「いつもほとんど掃除ばかりしとる。昔はネット不要だったのに」と会社員沢岡政二さん（五六）。

母チヨコさん（八〇）と大学進学前の長男星也さん（一八）が並んでアサリを掘り出している。熊手の使い方は祖母の方が孫よりはるかに上手。手掘りだから砂かみが少ない「大野あさり」は農林水産省の地理的表示保護制度（ＧＩ）に登録され、三月中旬から九月までが出荷シーズンである。

前潟を使うのは地元三漁協の約三〇〇人。その半数はアサリ専門の浜毛保《はまけぼ》漁協に属し、組合員の平均年齢は七二歳。「海風に当たって健康づくりしながらアサリを育てる人が多い」と山形昇組合長（七七）。

地域の住民も准組合員になれば空き区画を借りることができる。今春の新加入組一〇人の中で最若手の会社員管正志さん（四二）は「海水に触ると幸せな気分になる。アサリも好きで、子どもたちもやりたがっている」。早速、掘り方を教わって熊手を振るっていた。

資源回復を目指し三漁協の有志で二〇一三年につくった「前潟干潟研究会」（下戸成治美代表）

の会員は六〇人余りに増えた。ただ、宮島側の浜で育つ稚貝の密度は二〇一七年から低下傾向にある。二〇一九年に育てた地種稚貝は八八万個と目標四〇〇万個を大きく下回った。

さらに二〇二〇年五月はコロナ禍で緊急事態宣言中とあって宮島での稚貝収集を断念した。前潟でも自然に湧く稚貝はいる。西隣の永慶寺川河口で稚貝を集めて自分の区画にまいた研究会員もいた。それでもある程度の量を育てるには足りないため、今年（二〇二一年）は福岡県の豊前海の稚貝を購入して三月一四日にまいた。

全国的にアサリの漁獲量が減り、他県からの稚貝購入も年々難しくなっている。「この地域に適応してきて繁殖力の強い地種を今年はなんとしても育てたい」と下戸成代表は稚貝の分布密度調査の結果を待っている。

〈取材余話（6）〉所変わればイカの名も

山口県防府市向島の底引き網漁船に乗ってハモ漁を取材した際、さほど多くはないが「ネブト」が網に乗った。広島県東部の備後地区ではとりわけ好まれる小魚で、居酒屋の突き出しに唐揚げや南蛮漬けが出てくる。ところが防府の漁師さんは「白ジャコ」と呼び、ネブトは通じなかった。イシモチとの別名もあるが標準和名はテンジクダイである。

隣り合った県でも呼び方が異なる魚は他にも結構ある。広島県内で「ハゲ」と呼ばれるウマズラハギは山口県内で「メイボ」といった具合に、所変われば呼び名も変わる。それが地魚の妙味でもある。

ところが、イカの場合は少々度を越しているように思った。

日本海で取れるケンサキイカは山陰では「白イカ」と呼ぶ。皮をむいたときの白い色を連想させる。ところが広島の鮮魚売り場では「水イカ」と表示されることが多く、こちらは透き通った身のイメージからだろうか。「赤イカ」との表示も見たことがある。表面の色から来た呼び名で、各地で広く使われているようだ。また、先がとがった形状から「ヤリイカ」と呼ばれることもままある。

ここから先が、さらにまぎらわしい。「水イカ」は実は山陰や九州ではアオリイカのことを指す。刺し身は甘みとねっとりした食感で知られ、流通量はケンサキイカほど多くない。所により名も変わる例をもう一つ挙げると、「赤イカ」は山陰ではソデイカのことである。全長一メートルにまでなる大型で赤色のイカである。まだある。標準和名のヤリイカはケンサキイカによく似ているが北方系の別種である。餌を取りに行く触腕が短くて目立たないところがケンサキイカと違う。

「真イカ」と呼ばれるイカも各地で異なる。日本海ではスルメイカだったりケンサキイカだったりする。安芸津三津（現・広島県東広島市）でイカかご漁を広めた進藤松司さんは昭和九（一九三四）年、最初に仕掛けたかごを上げると「大きな真イカが一匹泳いでいる」と『瀬戸内海西部の漁と暮らし』（平凡社）に書いた。この真イカはコウイカである。要するに場所場所で最も一般的なイカのことを「真イカ」と呼ぶのである。

広島市中央卸売市場ではどう呼んでいるのだろうか。卸の広島水産勤務の「お魚かたりべ」東邦彦さんに聞いてみた。同市場ではケンサキイカは「ヤリイカ」か「水イカ」、標準和名ヤリイカは触腕が目立たないことから「手なしイカ」と呼ぶそうだ。大型のソデイカはその色から「紅イカ」、形状から「ミサイル」の別名もあるという。

なぜイカの呼称はこんなに紛らわしいのか。東さんは「イカは足が早く、昔は産地の周りでしか取引しなかったから土地土地の呼び名で不都合はなかった。それがコールドチェーンが発達して遠くから運ばれて来るようになり、呼び名が混乱するようになった」とみている。

市場でさまざまな呼び方をしているイカも、取引データを農水省に報告するときにはケンサキイカなどの標準和名を使っているという。

スーパーなどの鮮魚売り場の表示も、「水イカ（ケンサキイカ）」といったかっこ書きの標準和名を加えてみてはどうだろうか。所の呼び名を使いながら、より分かりやすくなると思う。

第4章

伝統漁と漁師たち

魚の習性や地先の海の特性を生かし、その土地に根付いてきた伝統漁がある。開発や環境の変化で姿を消したり、漁獲量が減ったりする一方で、伝統を守り続け、復活させる漁師たちもいる。

かごで取る　コウイカ

海藻に卵産む習性利用

瀬戸内海や日本海の沿岸には、春になると産卵のため岸に近づくコウイカを取る伝統漁がある。海藻に卵を産み付ける習性を利用し、海藻に似た細かい葉が付いたツゲやツツジの枝をかごの中に入れて誘い込む。イカかご漁ともイカ巣網とも言う。

石灰質の甲があるコウイカは肉厚でほんのり甘く、刺し身に向く。しまなみ海道近くで育った友人は「これを食べんと春がこん」と言う。

シーズン盛りの二〇二〇年五月中旬、安芸灘に面した広島県呉市島しょ部の各漁協に問い合わせてみた。イカ玉と呼ばれる竹を組み立てて円筒形のかごを作る漁業者は減っていた。今でも下蒲刈町の二人は続けているが、「今年の漁はさっぱり」という。海に異変が起きているのか。

ところが山口県の海域では事情は異なっていた。「よう取れとるよ」と岩国市漁協に聞いて乗船取材を依頼した。五月二八日、日の出と同時に岩国市新港から森山連太郎さん（六八）の船で沖に出た。

海面のあちこちにイカかごを仕掛けた目印の旗が浮かんでいる。七〇人余りがイカかご漁に携わり、かなり過密である。沿岸工場群に出入りする船とのトラブルを防ぐために協定を結び、早朝は漁業専用になる。この日もタンカーや貨物船一〇隻以上が漁場の外の沖合へ移動していた。

出港して一〇分ほどで漁場に着いた。イカかごを仕掛けていたのは広島県境に近い水深二五〜三〇メートルの海域。錦川から流れ出た砂泥が海底に広がり、春になればコウイカが産卵にやってくる。

森山さんは幹縄を巻き上げ始めた。直径約一メートルの鉄金具に網をかぶせた円筒形のかごを船上に引き上げる。

かごの入り口や内部に、ツゲの枝の束が付いている。その付け方は人それぞれに工夫を凝らしているという。細かい葉や枝は海中で黒く変色し、一センチ大の半透明の粒が点々と着いていた。コウイカが産み付けた卵である。漁期の最後には毎年、ツゲの枝ごと海に戻している。

船端のローラーで巻き上げる幹縄には、かごが二〇数メートル間隔で計四〇個付いている。少し離れた海域にも同じ数を仕掛け、三日間ほど海底に置いて交互に上げる。数百個を仕掛ける広島県内のイカかご漁に比べると一人当たりの数は少ない。

イカ玉とも呼ばれる円筒形のかごを船上に上げると、森山さんは素早く半開きにした。中には体長二五センチ前後のコウイカが最初は一、二匹。その数は次第に増え、九匹入っていたかごも。

イカかごに入っていたコウイカ

腹を上に向けないようにしていけすへ移す。スミイカの別名があり、興奮させると墨をたっぷり吐くからだ。

　四〇個のかごを引き上げては海に戻し、一時間余りでコウイカ一〇五匹が取れ、マダイやタコも交じった。「例年になくよう入るが、コロナで値が安うて」と森山さん。四月一〇日の解禁から六月中旬までコウイカ漁に携わる。

　一九九五年に妻の親から漁業権を引き継いだ。会社勤めをしながら土日だけ海に出ていたが、退職した二〇一七年からは漁一本に。夏と冬はタコ、秋はワタリガニを取る。「仕掛けを工夫したり、場所を変えたりして結果に結びつくのが面白い」と年に一三〇日近くは海に出る。

　岩国沖で産卵するコウイカは周防灘から入って来るらしい。越冬場所や回遊などの生態は分からないことが多い。イカかご漁の最盛期は九州地方では三月頃、岩国沖では五月頃と西の方が早いが、「今年は解禁後すぐに入った」と森山さん。水温上昇の影響か産卵時季が二週間程度早まっているようだ。

兵庫から導入　近年は細る漁獲

イカかご漁は広島県にどう伝わって来たのか。合併で東広島市になった安芸津町三津の漁民進藤松司さん（一九〇七～九三年）が著書『瀬戸内海西部の漁と暮らし』（平凡社）に自ら導入したてんまつを記している。

昭和九（一九三四）年五月、兵庫県でイカ囮漬《おとりづけ》網考案の新聞記事を見て現地を訪問。今の高砂市の漁協組合長から網かご作りを伝授された。父、弟と協力して試作し、海に漬けたら大きな真イカ（コウイカ）一匹が入った。

翌年から他の漁民にも教えて周りに広がる。タコつぼ漁を本職とする漁師が主に手がけ、それは今に引き継がれている。「はえ縄のタコつぼをイカかごに替えるだけで便利だから」と進藤さんは書いている。

竹を丸めて輪を二つ作り、支柱を組み立てて網を張り、中にツゲの枝を入れる――。当時とほぼ同じイカかごを作っているのが呉市下蒲刈町大地蔵の二人の漁師である。

今季の漁を終え、イカかごの竹枠を整理する沖田さん

この道四三年の沖田正弘さん（六二）は竹を切り出し、冬場に山に自生するツゲを軽トラックに満載して帰る。計五〇〇個のイカかごのうち毎年二〇〇個近くを更新する。「手間がかかる割にコウイカは五、六年前から減る一方で」と表情はさえない。

沖田さんと亡き父親のイカかご漁の記事が一九九五年の中国新聞呉圏版に載っている。「今年は少なめ」と言いつつ一日七〇〇匹が取れたと記事にある。それが今年（二〇二〇年）は多くて一〇〇匹、数匹しか入らない日も。「底引きで取るエビもゲンチョウもみな減って海がおかしい」と沖田さんはいぶかる。

安芸津町三津では、かつて一〇軒あったイカかご漁家は三軒に。山田明光さん（七三）は四月から三カ月間、鉄金具に網を張った二〇〇個のかごを仕掛ける。二〇一四年まで一日六〇〇匹以上取れたこともあるが、今年（二〇二〇年）は多くて五〇匹。「タイやハゲ、タコなど他の魚が入るから続けているようなもの」と実態は雑かご漁になっているようだ。

海砂採取などで痛めつけられた安芸灘の海。今度は排水規制できれいになりすぎてイカの餌となるエビ類や小魚が育ちにくくなったのか。「これだけイカが取れんと、やる者がおらんようになるじゃろう」と山田さんは漏らす。

祭りは残った

浮き鯛（マダイ）

潮に乗り一九六〇年代半ばまで

祝い事にも用いられるマダイは瀬戸内海を代表する特別な魚である。桜が咲く頃から産卵のため内海中央部に入り込み、各地に豊漁伝承がある。中でも異彩を放つのが広島県三原市幸崎町能地の「浮き鯛」である。

目の前に芸予諸島が連なる能地の漁場は狭い。家船《えぶね》と呼ばれる船に住み、家族で魚を追う漂泊の海民を生んできた。能地漁民は「浮鯛抄」という巻物を携え、内海沿岸に一〇〇カ所余りの出先基地をつくった。江戸時代のものとみられる写本約一〇種類が地元に残る。

「神功皇后が能地沖に船を泊めて酒を注ぐと酔った鯛が海面に浮いた。漁民がすくって献上すると、皇后は此《この》うらの海人に永く日本の漁場を許し給《たま》ふ」などと書いてある。見知らぬ海域を訪れる際、入漁手形のような効果があったのだろう。

能地沖では一九六〇年代半ばまで春先の大潮時には実際にマダイが浮いた。西から満ち潮に乗って来るマダイを海中で待ち構えるのは高低差約二五メートルの砂の断崖。延長数キロに及ぶ海中砂州の能地堆である。潮流にもまれて急浮上する際、マダイは浮袋の調整ができずに膨らんだ腹を上にして波間に浮かんだ。

三原漁協と合併する二〇〇九年まで幸崎漁協の組合長だった藤井孝一さん（八八）は浮き鯛を見た最後の世代である。「西から入ってきた鯛が大久野島（広島県竹原市）の北の州から上げ潮に乗って来ては浮いた。朝日を受けた腹が銀色に輝いていた」と言う。

昏睡《こんすい》状態から覚めて海中に逃げる前に浮き鯛を素早くすくうことを「拾う」と言った。その権利は入札で決め、二～三時間で一〇枚拾ったとの証言も残る。漁協を通じて高値で料理店に引き取られたという。

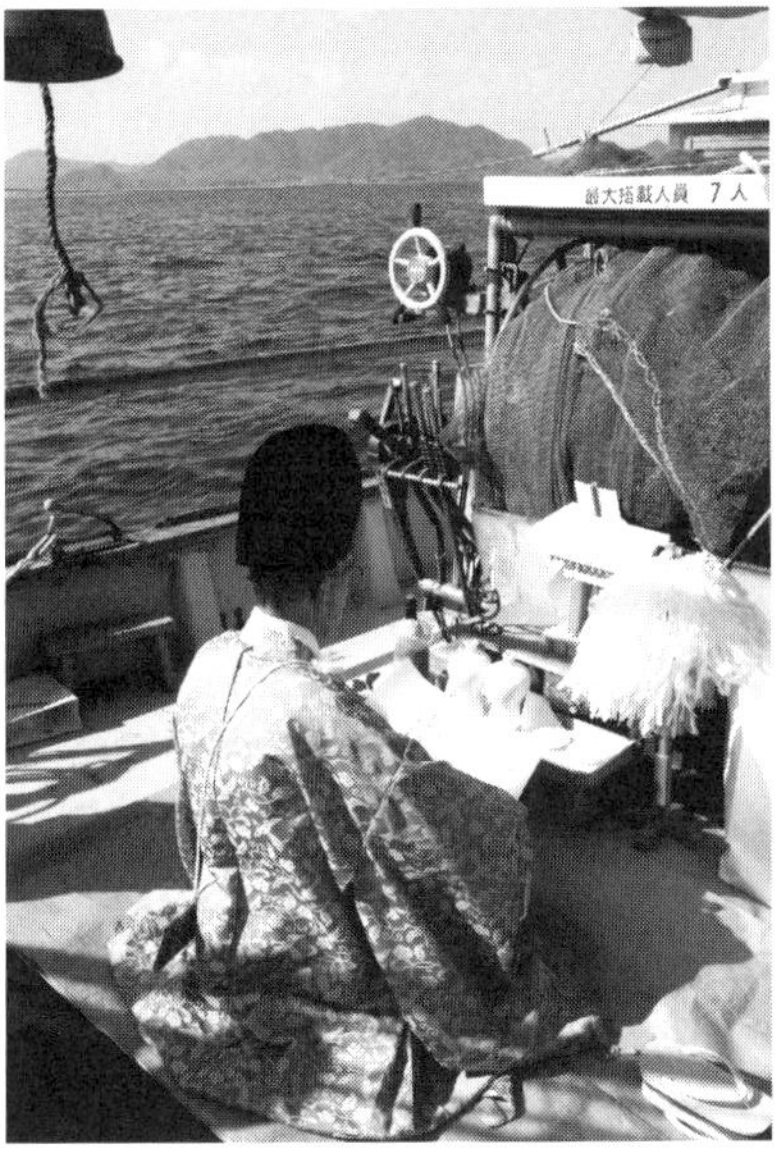

浮き鯛祭りでの船上神事

海砂採取が始まって浮き鯛が見られなくなった海を二〇一九年四月三日に訪れた。船上神事がある浮き鯛祭りの取材である。

能地漁港から数分で浮き鯛祭りの舞台となる海上に着いた。旧幸陽船渠の設備を引き継いだ今治造船広島工場の地先である。地元の幸崎神社の浦和典宮司（六五）が船上で祝詞を上げ、御幣を流して海神への祈りをささげた。

瀬戸内海各地に出漁した能地漁民のよりどころだった浮き鯛の祭りは連綿と続いてきた。船を出した旧幸崎漁協組合長の藤井さんは、漁協合併時にも祭りの継続にこだわった。

神事に続き、浮きを付けたマダイが放たれて潮に流された。前もって調達した模擬浮き鯛で、それを別の船からタモですくい取った。大久野島の北方からこの辺りまで延びていた能地堆が昔はマダイを浮かせていたが、六〇年前は数メートルだった水深が今では約四五メートルまで掘り下げられている。

造船景気に沸く一九六〇年代初め、地場の幸陽船渠が工場を拡張する際、能地堆の砂をすくって敷地を埋め立てた。後に関西空港造成や広島県西部の廿日市沖埋め立て向けなど延々と続く海砂採取の始まりである。

漁業補償が漁民に支払われ、「漁業権を売って生活しとる」とたしなめる県職員も当時はいたという。海砂採取の受け入れは、豊かな海からの贈り物とも言うべき浮き鯛現象の消失という代償を伴った。砂地で夏眠・産卵していたイカナゴの大群も消えた。

能地の漁民たちが家船《えぶね》住まいから定住に転じる時期とも重なっていた。「会社勤めより稼げる」と若いときから漁師一本できた藤井さんも同様である。愛媛や香川、山口の海域で家族を伴って網漁をしたが、一九六〇年に能地へ帰って家を建てた。

出先に居着く者も多く、一九六〇年代末には漁業従事が三〇軒余りに減っていた。当時の能地を調査した民俗学者宮本常一は「漁業としては衰えたが、進取性の故に他の職業に転じ、社会的活動もめざましいことは町並みの立派であることからもわかる」と評した。

祭りの第二幕は陸上の浮幣社に舞台を移した。元は浜辺にあったが、造船所の建物群に遮られて海は見えない。海から移したというまな板石の上で鯛がさばかれた。漁港の石積みはコンクリートに変わり、広々とした駐車場もできた。一方で能地伝統の網漁の担い手は、底引きが藤井さんともう一軒、刺し網二軒の計四軒にすぎない。近代化や開発の波にもまれて消え入りそうなほどに縮小する内海漁業の一つの典型と言えよう。

それでも祭りは続く。「浮鯛抄」を掲げて内海各地で躍動した能地漁民の姿に思いをはせる海民文化伝承の行事である。

はえ縄と斜面集落

アマダイ

流通改革でブランド化

島根半島の山塊が日本海に落ち込む。その間際の急斜面に二、三階建ての漁家約一八〇戸が階段状に折り重なっている。島根県出雲市小伊津《こいず》は「小伊津アマダイ」ブランドで知られる漁師町である。

各戸の台所は路地に面し、上階の窓から海が望める。立体的に築かれた住居群は海に生きる人々の営みを濃密に映し出す。訪れた二〇二〇年一月三〇日はしけで、漁港の防波堤に白波が砕けていた。

地元で「コビル」と呼ぶアカアマダイのはえ縄釣りの話を金築《かねつき》茂美さん（七四）から聞く。海沿いの道に面した入り口から細い階段伝いに三階へ。空き家を買い足した作業場兼応接間で、裏から路地を挟んで本宅一階に通じる。急斜面の集落ならではの行き来である。

延長六〇〇メートルのはえ縄を収めた直径五〇センチ余りの竹製わっぱを鉢と呼ぶ。竹の薄板

急斜面に漁家が折り重なる小伊津集落

編みの側面も昔のままで一鉢の縄に一〇〇本余りの針が付く。餌のスルメイカ切り身に魚の発酵油を塗り付け、臭いでアマダイを誘う。餌付けは「若い頃は一鉢一五分だったが今は二〇分」と言う妻憲子さん（七〇）の役割である。

金築さんは夜明け前に出漁して沖の漁場へ。水深一〇〇メートル前後の海底の巣穴に潜むアマダイを狙って一〇鉢分を投入する。三〇分余り後に引き上げ、昼前に戻る。「去年（二〇一九年）は多い日には六〇～七〇キロ釣れて型も良かった」。良型はキロ四千円近い値が付く。

柔らかい身のアマダイはみそ漬けが美味。うろこを付けたまま焼いたり、揚げたりするのも人気の魚である。金築さんに言わせれば「刺し身が一番。甘みがありくせがない」。鮮度が良いという条件付きである。

その鮮度保持の流通改革がブランド化を可能にした。みんなで規格をそろえて一九九七年に京阪神への直送を開始。漁獲から市場上場まで二日弱だったのが二〇時間余りに短縮された。鮮やかな赤色を保つ温度管理も徹底した。

出雲市中心部で和食店を営む松島浩之さん（四九）は修業中の京都で二〇年余り前、小伊津アマダイの名前を初めて聞いた。「鮮度が良く、はえ縄釣りだからうろこもきれい」と目を見張った。帰郷して開いた店で、小伊津から仕入れるアマダイを看板料理にしている。

漁業衰退すれば集落景観の風化も

アマダイを水揚げする金築さん

金築茂美さんの船が帰ってきた。二〇二〇年八月四日午前一〇時すぎの出雲市小伊津漁港。沖合で日の出とともに投入したはえ縄一〇鉢の釣果を積んでいる。

妻憲子さんが待つ岸壁に船を着けた金築さんは「だめですわ」。アマダイ約一〇キロは普段より少なめ。漁港で規格ごとに仕分けて共同出荷する。一キロ以上の二L規格が二本、六〇〇グラム以上のL規格が三本いた。

二〇二〇年は春から不漁で、コロナ禍の直撃も受けた。高級料理店向きの二Lが半値のキロ三千円余りになるなど良型ほど大きく値崩れした。「今年の水揚げ額は半減か」。金築さんの表情はさえなかった。

ところがその後、ＧｏＴｏトラベルの追い風が吹く。秋以降は二Ｌがキロ七千円台に急騰し、漁獲も上向いた。一二月半ばからは感染再拡大で再び急落したが、二〇二〇年の金築さんのアマダイ水揚げは一千万円を超えた。年季が入った技量と京阪神市場で認められたブランドの強みだろう。

そんな小伊津アマダイの足元に後継者不足の危機が忍び寄る。ブランド化した一九九七年ごろは約三〇隻が出漁したが、高齢化による引退が相次いで今は一〇隻余り。それも七〇代前半が主力で若い世代はいない。金築さんの息子三人も継がなかった。

はえ縄は手仕事の漁である。もつれた縄をほどいて切れた針や餌を付ける作業が大変なことも後継者難の一因という。出雲市は稚魚放流などでブランド魚の漁獲を支えようとするが、年間二〇〜三〇トンの共同出荷がいつまで維持できるか不透明である。

急斜面に漁家が折り重なる小伊津で二〇一八年と二〇一九年、工学院大（東京都）の大学院生たちが集落の構成や住居の調査をした。海民の生活文化が凝縮された集落の景観に若い院生たちは驚きの声を上げ、住民の友好的な対応に感激したという。

調査を指導した同大建築学部の冨永祥子教授は「狭い場所に集まって暮らす工夫や住居形態は東京などの密集地でも参考になる」とみる。一方で「漁業がこのまま衰退すれば、魅力的な集落景観も風化しかねない」と懸念する。現に、漁家の中に空き家も目立ち始めている。

「漁は体の動く限りやる。あと五年ぐらいか」と金築さん。外部人材を含めた新規参入に対する支援策を講じることが、ブランド魚と集落の維持につながるように思える。

「小伊津の良さをPRし、外から人を呼び込めないか」と冨永教授。大学院生たちと小伊津での「まちあるき」と集落の魅力を紹介する展覧会を計画している。

やぐらと四手網《よつであみ》

シロウオ

春告げる風物詩　七〇代の独壇場

水ぬるむころ、各地の河口域にシロウオが産卵のため上ってくる。四本の竹を組んだ四つ手網漁は川面に春を告げる風物詩である。

山口県岩国市の錦川下流も古くからシロウオ漁が盛んに行われてきた。二〇二一年春も錦帯橋の三キロ下で分岐する今津川に七基、門前川に二基のやぐらが建った。滑車付きロープで四つ手網を上げ下げする仕組みである。

二月六日朝、今津川右岸の寿橋下で高さ四メートルの鉄パイプの組み立てが始まった。「ちょっと前」「まだ右」「船頭が多いのお」とにぎやかである。昼前には原田義男さん（七九）、藤重清さん（七七）、米村義信さん（七四）の共同やぐらが組み上がった。

この二〇年余り、やぐらの設置場所は転々としてきた。「取れんけえ放浪の旅に出て四カ所目よ」と藤重さん。川下地区と呼ばれる三角州で育った三人は「潮が引いて石をはぐったらシロウ

やぐらから四手網でシロウオをすくう

オが茶わんいっぱい取れた」「両岸に三〇メートル間隔でやぐらが並んでねえ」と昔を懐かしむ。

やぐらの数は一五年前から半減した。丈夫な鉄パイプ製が増えている中、山田敏昭さん（七七）は門前川の最上流に今年も純木製を据えた。「風情があるじゃろう。おやじ、兄貴の代から補修しながら使うとる」。切り出す竹も「一〇、一一月のものが高さもしなりも一番いい」とこだわる。

漁期初日の二月一〇日、シロウオはほとんど遡上《そじょう》して来なかった。三月三日に共同やぐらを再訪すると「入らんねえ」と米村さん。逆ハの字型建網の絞り口の川底に敷いた白い板にシロウオの姿は映らない。

他のやぐらの様子をうかがいに川岸を下流に歩く。鉄橋を潜ると最も河口の近くで今田薫さん（七六）が四つ手網を上げていた。「昔は一網でひしゃく半分ぐらい入りよったが、今は数匹でも喜んで上げよる」と苦笑い。「ひなたぼっこ気分でのんびりやるんがええんよ」

やぐら上で会うのはみんな定年退職後の七〇代。春風に吹かれながら「楽しみでやる」人が大半である。

共同やぐらへ引き返すと「あれからすぐに群れが来た」と米村さん。タイミングの悪いことである。やや茶色っぽい長さ四〜五センチのシロウオ三〇〇匹余りが容器の中を泳いでいた。スーッと流れるような細身のハゼ科。魚体の後ろの方が太くなるシラウオとは異なる。

今季初物を「孫に食べさせる」と米村さんは歩いて二分の自宅に持ち帰った。

大潮の満ち上がりを狙って三月一二日朝、今津川右岸を再訪した。アシ原から川面に突き出したやぐらの上で、市川博幸さん（七二）は川底の白い板に目を凝らしている。半透明な細長い魚影の群れがスーッと上がって来て四つ手網に入った。

ロープで巻き上げると網の底でシロウオが跳ね回っている。三〇〜四〇匹か。市川さんは長い柄のひしゃくで網を軽くたたいてすくい取った。また次の群れが。網と別方向に向かいそうになると小石をチャポンと投げてけん制した。

一時間で三〇〇〜四〇〇匹。市川さんは「取れんねえ。一合（一八〇cc）ぐらいか」。尺貫法がまだ生きている。二〇一九年の岩国市漁協全体のシロウオ漁獲高は三斗六合。二〇〇四年の三石三斗八升六合から一〇分の一に減っている。

市川さんたちはシロウオを対岸の割烹《かっぽう》旅館「油政《あぶらまさ》」（一円雅子社長）に一合千円で買い取ってもらう。この時季、躍り食い、汁物、かき揚げ、卵とじなどシロウオのコース料理を出す老舗である。八年前に当方も一度味わったことがあり、口の中を動き回る躍りの食感は忘れがたい。

「すごく取れていた昭和三〇年代ごろは白魚まつりも催してにぎやかでした」と一円社長。コロナ禍の今、団体客はめっきり減っているが、主に年配層の個人客が春ならではの味を楽しんでいるという。

海から河口域に上って産卵する寿命一年のシロウオは全国的に減っている。河川改修などが響いているようで環境省は絶滅危険増大の種に分類する。産卵場維持のため岩国市は今津川と門前川の川床を一年おきに重機でかき起こしている。

群れて泳いで他の魚の餌にもなるシロウオ。海の中での生態は謎が多い。米軍基地の沖出し工事で錦川デルタ沖の広大な藻場が消失した。シロウオへの影響も当然あるだろうが、それを裏付ける明確なデータはない。

春になればデルタの川の岸辺で青ノリ干しが始まり、潮干狩りもできた。いつの間にかスジアオノリやアサリが育たなくなり、遊泳禁止の川面や河原から子どもの姿は消えた。唯一今もって春を告げるシロウオ漁は、川遊びで育った七〇代オールドボーイズの独壇場である。

岩国市漁協はやぐら一基に年五万円を助成して伝統漁を守ろうとするが、一〇年後はどうなっているだろうか。「四〇歳の息子が休日に代わってくれる」「中学生の孫が春休みに手伝いたいと言うとる」。そんな話を聞いて少しほっとした。

かなぎ漁復活

ワカメ

豊漁祈り　和布刈神事

私たちの祖先は古くからいろんな海藻を食べていた。和布とも書くワカメもその一つ。八世紀編さんの出雲国風土記は島根半島の海岸各地の産物として記している。

半島の西端にある島根県出雲市大社町宇龍《うりゅう》では、毎年旧暦の一月五日に和布刈《めかり》神事が営まれる。ウミネコが日御碕神社の欄干に運んできたワカメを神前に供えた故事にちなんでおり、二〇二〇年は一月二九日にあった。

広島から高速バスとレンタカーを乗り継いで現地に着くと、強風が吹き荒れていた。六〇メートル沖の小さな島に社がある。そこまで漁船六隻を連ね、船上を神職が歩いて渡る行事は中止になり、神事も屋内で催された。

神前に供えるワカメ刈りだけは島で行われた。箱めがねをのぞきながら神職が鎌で刈り採る。今は漁業全般の繁栄と安全を祈願する趣が強いが、かつてはワカメ漁の開始を告げ、豊漁を祈る

神前に供えるワカメを刈る神職

神事だった。

ワカメ刈りは、春めく海を舞台に漁村が沸き立つ一大行事だった。晴天でなぎの日の早朝、各戸一斉に刈り採りに出た。浜辺に干し場を割り振り、カヤで編んだすのこを広げる。その上に採れたてを敷き詰め、天日に干して板ワカメを作った。

少しあぶってご飯に振りかけると磯の香りが食欲をそそる島根名産である。地元漁師の小村敏行さん（七九）は「塩気が抜け切るまで真水でよく洗い、変色した尻尾を思い切り落とすのがこつ」と言う。

しかし、一九七〇年代後半から乾燥機が導入されると浜干しは急速に廃れた。

宇龍から東へ一〇数キロの出雲市小伊津町で一九六二年のワカメ刈りの写真に出会った。金築茂美さん（七三）が漁師になった一五歳の春、兄のカメラで自宅前の港内を撮影した。動力付きと手こぎの船が交じり、海に入って刈る人も見える。

地区外の親戚まで動員したという板ワカメ作りの経験は自身にはない。「手間が大変。ワカメだけはこらえて」と母が嫌がったからだという。

年配者が現役復帰

小船から身を乗り出し、箱めがねをのぞきながら棒の先の鎌で海藻を刈っていく。「かなぎ」と呼ばれる天然ワカメ漁が島根県大田市沖で本格的に復活して七年になる。

久々のなぎと晴天に恵まれた二〇二〇年五月八日、同市仁摩町馬路《まじ》の雀堂《すずめどう》千尋さん（八〇）は日の出とともに出漁した。四時間がかりでワカメを刈り、変色した尻尾などを切り落とした後の一〇〇キロ余りを「魚の屋」＝同市静間町、中島勝徳社長（四九）＝の馬路工場に出荷した。

社長の中島さんが「今後もお願いします」と声を掛けると、「やれるだけやらしてもらいます」と雀堂さん。大田四五人、隠岐七〇人に上るワカメ漁師の仲間に加わって三年目になる。「ノルマはなく自分の好きなようにできるのがええ」。三月初めから今年一三回目の出漁だった。

国産ワカメの九割以上は養殖である。ロープ一本に生える量は決まっており、水温変動による不出来リスクも付きまとう。カットワカメや海藻スープなどの加工販売を手がける中島さんは、細る一方の天然ワカメ漁に目を付けた。

　隠岐や大田地方の沖は潮通しが良く、海にせり出す山からの水が海藻を育てる。「岩場に無尽蔵に生える未利用資源をなんとかできないものか」。ワカメが立ち腐れてヘドロ状になる前に刈った方が漁場環境に良いとも漁師から聞いた。

箱めがねをのぞいて天然ワカメを刈るかなぎ漁

二〇一〇年にまず隠岐・知夫《ちぶ》村の漁業者と手を組み、現地の協力工場で作った塩蔵ワカメの加工販売を開始。二〇一三年には馬路に直営工場を建て、天然ワカメをボイルして冷却、塩蔵する。「かなぎ漁をする漁師さんがまだぎりぎりおられた。引退してこたつ番をしていた年配者にも現役復帰してもらえた」と中島さん。

隠岐と大田合わせて年間四〇〇トンのワカメ原藻を扱う。葉と茎の切り分けやカットワカメなどの袋詰め作業は障害者や高齢者らが担う。漁師も含め島根県内で四〇〇人余りの雇用が天然ワカメから生まれた。

漁の主力は六〇歳代以上で、九〇歳代の現役復帰者もいる。後継者作りが次の課題である。

「白い砂浜に黒いじゅうたん」という見出しの記事を、中国新聞大田支局（島根県大田市）にいた三〇年余り前に書いたことがある。春の浜辺の風物詩だった板ワカメの天日干しである。島根の漁業関係者たちに尋ねたら「今はもうやってないやろう」とつれない返事だった。

それでも細々と続けている所があった。水産加工業「魚の屋」の中島勝徳社長の案内で訪れたのは、かつて取材した覚えのある大田市仁摩町宅野の浜だった。

当時の「白い砂浜」は消えていた。岸壁が築かれ、背後の埋め立て地に草が生えている。その上に畳二〇枚ぐらいの「黒いじゅうたん」があった。わらむしろの上に竹ひごのござを敷き、ワカメの茎を止めて葉を広げて干している。

今も行われていたワカメの天日干し

「乾かんうちに風が来たから葉っぱが寄って穴があいとろう。きのうなら隙間がなかったのに」。カメラを向けると越堂一《はじめ》さん（八七）は残念がった。早朝から刈ったワカメを午前九時頃には広げ終え、五、六時間で板ワカメが出来上がる。「天然物の天日干しが一番よ」。端くれを口に入れると磯の香りが広がった。

少しあぶり、もみ砕いてご飯の上に振りかけると風味満点である。中島さんはしかし、「三〇年前に比べて一〇分の一の市場になった。地元でも若い世代はあまり食べていないのでは」と言う。生産者段階でキロ一万円と高価で希少品扱いのようである。越堂さんも「頼まれた人に持って行く程度」という売り方である。

同市仁摩町馬路でも昭和四〇年代まで、踏むとキュッキュと鳴る「鳴り砂」で知られる琴ケ浜に黒いじゅうたんが広がった。夏にカヤを刈り、冬のシケの日にワカメ干しのござを編んでいた祖父や父の姿を雀堂《すずめどう》千尋さんは覚えている。「砂浜にござを二枚敷くと下はひんやりしてワカメが焼けすぎない。一日でパリッと乾かし、夕方の市に出した」と振り返る。

「宅野も昔は浜にびっしり。今はわしともう一人だけやっとる。来年はどうなるか」と越堂さん。取材した日がこの春五回目の板ワカメ干しだったという。来年も大丈夫、と思わせるほど声に張りがあった。

新参者を支える

ヒジキ

タチウオ不漁補う収入源

ヒジキは海岸近くの岩場に生えている。干潮時には群生がのぞいており、割に簡単に採れるものと思っていた。安芸灘とびしま海道の豊島（広島県呉市豊浜町）周辺で実際のヒジキ漁を見て、そのハードさに驚いた。

豊島での取材はタチウオ漁以来である。「本給はタチウオ、ボーナスは春先のヒジキ」との呼び掛けに応じたIターン漁業者がまだ八人いる。「本給」は不振が続くが、「ボーナス」はまずまずとも聞いていた。

解禁日の二〇二〇年三月八日、豊浜町大浜の海岸でヒジキ漁をする折出《おりで》満さん（四三）を陸から追いかけた。ウエットスーツ姿の折出さんはまず体をほぐした。正午すぎに潮が引き始めると船外機付きの小船であらかじめ下見していた岩場に直行した。

鎌を手に腰まで海につかり、刈っては船に投げ入れる。長さ五〇センチから一メートルぐらいで、次の芽が出るように根元は刈り残す。船上にヒジキの青黒い山が見る見るうちにできた。水の抵抗もあって体力を相当に消耗する作業である。
同じ豊島の七〇歳すぎの漁師が船で近づいて来た。「みっちゃん、ええ所を狙うとったなあ」と海に入りゆっくり鎌を振るう。若い折出さんは素早くヒジキを刈っては先輩の船に入れてやる。「ええよ、みっちゃん。そねえせんでも」と言いながら先輩はうれしそうだ。六年前、調理師として働いていた広島市内から移住して漁師に転じた折出さんは今やすっかり島の人である。

ヒジキを刈り取る折出さん

　潮が満ち始めるまで二時間半。何カ所か移動して刈ったヒジキを船に満載して港に戻った。コンテナ一箱に約三〇キロずつ詰めて軽トラックの荷台へ。折出さんは顔を紅潮させ息を切らしながら二四箱を積み終えた。「これが一番しんどい」。毎年この時季は体重が減るという。

　天日干し用に借りた空き地に移動し、シートの上にヒジキを広げた。イラストレーターの妻智世さん（三三）がヒジキに交じる小魚を目当てにやってきた。デザイン素材にするためで、海の生き物をモチーフにした作品を手がける。島内にギャラリーを設け、夫とは異なるアプローチで島暮らしになじんでいる。

折出さんは五月一二日、今シーズン最後のヒジキ刈りをした。五〇日間かけて刈り採り、天日で素干ししたヒジキは一トン余り。昨年の半分、よく採れた三年前の三分の一にとどまった。六年前に長男（三二）と一緒に就漁した白石康夫さん（五九）も「息子が途中でけがをして休んだ昨年に比べても八割ぐらいかな」。量的にはそこそこ取れても、ごみが付いていたりして商品にならないものが結構あったという。ただ海の中のことで原因となるとよく分からない。

素干しヒジキは呉豊島漁協に出し、そこからさらに加工を施して製品になる。買い取り価格はキロ約千円と昨年をやや下回った。それでもIターン漁業者にとって春のヒジキ漁が最も安定した収入源である。

家船《えぶね》の伝統が廃れて後継者難の豊島では新規漁業者を積極的に募集し、二〇一一年から一〇人が移住してきた。本来はヒジキの後のタチウオ引き縄釣りが最大の収入源のはずだった。ところが四年前ごろからタチウオの回遊が減り、漁獲も急減した。

折出さんは二〇一五年には二五〇万円分のタチウオを水揚げしたが、昨年（二〇一九年）の漁協出荷はわずか二キロ。白石さんは「燃料代も出ないから」と昨年は出漁を見合わせた。「最低でも年収三〇〇万円、腕を上げれば五〇〇万円ぐらいは稼げる」とのもくろみが外れ、これまでに一〇人中二人が島から去った。

残る八人は、島で生きていく糧を求めて模索を続ける。折出さんは山に目を向けた。荒れたレモン畑約四〇アールに再び手を入れて収穫し、新たに苗も植えた。「あと二年で新苗からレモンが収穫でき、もっと増やせば収入も安定するはず」と半農半漁のプランを描く。

白石さんは親子でサザエの素潜り漁をするほか、タコつぼ漁やアワビの養殖も始めている。「技術を身に付けるのに時間がかかり、生計を立てるのに苦労するが、見ようによっては海は宝の山のよう」と漁の多角化に知恵を絞る。

豊島タチウオは二〇一九年九月、県北の比婆牛とともに広島県第一号としてＧＩ（地理的表示保護制度）登録された。今は不漁が続くが、豊島の漁師たちはタチウオの引き縄釣りを改良して全国に広めた歴史がある。

白石さんは「ＧＩ登録されたことだし、釣れるようになればまた出漁したい」。折出さんも「五年後ぐらいにまた釣れるようになってくれないか」とタチウオの回遊復活を気長に待つつもりである。

〈取材余話（7）〉黒潮大蛇行と貧栄養

黒潮の大蛇行が瀬戸内海に及ぼす影響について第一章のクロマグロの冒頭部分で触れた。大蛇行に伴って豊後水道から流れ込む黒潮の勢いが増し、ヨコワ（クロマグロ幼魚）が瀬戸内海に入ってきたのではないかとの推測である。

黒潮が紀伊半島のはるか南を流れる大蛇行時には紀伊水道付近の水位が下がり、豊後水道から瀬戸内海西部への流入圧力が強まる。逆に黒潮が紀伊半島に向けて直行するときは紀伊水道の水位が上がり、瀬戸内海東部からの流入が優勢となる。黒潮を遮る突起として足摺岬より紀伊半島の方がはるかに巨大だからこうした流入傾向になるのだろう。

黒潮大蛇行は一九九〇年代初めまで度々発生していた。それ以降は二〇〇四年七月〜二〇〇五年八月に起き、広島湾奥にある厳島神社（広島県廿日市市宮島町）の回廊が何度も漬かった。直近の黒潮の大蛇行は二〇一七年八月に始まった。二〇二〇年五月頃からは豊後水道のはるか南方に遠ざかって流れることが多く、同年秋からは収束と再開の傾向をくり返している。

長期に及ぶ今回の黒潮大蛇行は、瀬戸内海の西部の漁業に大きな影響を及ぼしている可能性がある。黒潮は海の生物生産を促す窒素やリンなど栄養塩が少ない海流である。黒潮流入→海域の栄養塩減少→漁獲不振というサイクルを招いても不思議ではない。

栄養塩が減ると一般に海の透明度が増す。潜水取材を続けてきた新聞社同僚の高橋洋史カメラマンは「大蛇行中は絵の島（宮島の東端沖）近くの海中でも一〇メートル先まで見えた。以前は四、五メートルだったのに」と言い、広島湾内も驚くほどきれいになったようだ。

海中の栄養塩濃度はどう変化しているのだろうか。広島県水産海洋技術センターは毎月、県内の一九海域で水質を調査している。その中でも河川水の影響を受けにくい沖合では窒素、リンの濃度が下がっているもようだ。

沖合に位置する阿多田島と大黒神島間の広島湾（A）、豊島南方の斎灘（B）の二カ所について、黒潮大蛇行前の二〇一六年と大蛇行中の二〇一九年のデータを比べてみた。対象にしたのは海面が冷やされて海水が上下に混ざり合う一～三月、一〇～一二月の六カ月の海面の水質である。

二〇一九年の数値を二〇一六年に比べてみると、A海域の窒素濃度は四割余り、リン濃度は約一割の減少、B海域では窒素濃度は二割余り、リン濃度は二割近い減少となっていた。限られたデータ比較だが、明らかに栄養塩は少なくなっている。

海域の環境基準は窒素〇・三mg／リットル以下、リン〇・〇三mg／リットル以下だが、窒素の測定値はその四分の一、リンは半分程度しかなかった。きれいではあるが、植物プランクトン→動物プランクトン→小魚への食物連鎖が進みにくい貧栄養の海といえよう。

漁業の取材をしながら、ここ三、四年の漁獲傾向が瀬戸内海の西部と東部で違うことが気になっていた。例えば、西部はタチウオが極端に取れなくなったのに対し東部は以前と大きくは変わらない▽岡山県内のサワラ漁は備讃瀬戸の東側は回復したが西側は振るわない──などである。

瀬戸内海西部でも錦川河口の岩国沖はいろんな魚が取れているが、河川水があまり流入しない安芸灘では「海がおかしい。イカもタコも底引き網のエビもどれも取れんようになった」との声を聞いた。大蛇行で黒潮が勢いよく流れ込むようになった影響を疑わざるを得ない。

黒潮の蛇行と直進が瀬戸内海の流れに及ぼす影響は二〇〇八年、広島大大学院工学研究科の研究者たちが論文にまとめている。しかし、それが漁業にどんな影響を与えているかについての研究は見当たらない。成果に直結するようなテーマではないからだろうか。

日本近海での黒潮の流れ方は、北太平洋の気候変動が影響しているといわれる。二〇二〇年五月以降に黒潮が豊後水道から南方に遠ざかった流路変更が関係しているのか、最近では広島湾の透明度もかつてほど高くはないようだ。このまま黒潮大蛇行の収束となれば、瀬戸内海西部への黒潮の流入量減少→栄養塩の増加→漁獲回復という期待が持てるかもしれない。

第5章

地魚の未来に向けて

瀬戸内海や山陰沖の日本海で、漁の現場を二年余り見てきた。漁獲が落ち込み、取る人も減り続ける中、私たちに地魚を提供してくれる沿岸漁業はどうしたら持続できるのだろうか。手掛かりを探ってみた。

山や森から「生きた水」を

バケツ一杯のアサリを掘った思い出を高度経済成長期に育った世代は共有している。今振り返れば、あのころの瀬戸内海は尋常ではない富栄養化の海だった。

栄養塩と言われる窒素やリンを多く含んだ排水が海に出て、プランクトンの育成を過剰に促した。赤潮が頻発した半面、魚介類を育てる餌が湧いた。埋め立てを免れた干潟はアサリなど二枚貝の宝庫だった。異常に高い生物生産力が、干潟や藻場の消失分を補っていたように思う。

瀬戸内海の排水規制で一九七〇年代後半から窒素、リンの濃度が徐々に下がる。餌である植物プランクトンが減少して、一九八〇年代後半からアサリは激減した。一九九〇年代末には「きれいになりすぎて魚が育たない」との声が出始めた。

アサリ以外の二枚貝やエビ、カニなどの甲殻類も減り、海底の生き物を餌にする魚介類にも影響が及んできた。例えばマダコ、コウイカなどの不漁が近年、深刻である。干潟で稚魚期を送るトラフグは人工種苗をいくら放流しても増えない。

播磨灘や大阪湾ではイカナゴ漁獲が急減した。餌となる動物プランクトンの減少が主因と兵庫県はみて、下水処理場の排水の窒素濃度を上げる緩和運転を二〇一八年から始めた。

瀬戸内海の環境保全策はようやく転換し、自治体が海域の実情に応じて栄養塩の管理を行うようになる。確かに「貧栄養」の改善は必要だろうが、それだけで「豊かな海」が取り戻せるかというと疑問も残る。

瀬戸内海でも場所によって漁獲に濃淡がある。マダコやコウイカがよく取れる海域には河口から川の水が流れ込んでいた。「生きた水」あるいは「山の水」と漁師たちは呼ぶ。

土壌や落葉由来のシリカや鉄化合物などさまざまな成分を含んだ水はプランクトンや海藻類をバランス良く育てる。山陰海岸沖の天然ワカメが海沿いの森の恵みと言われるように「魚付き林」の効用を見直す動きがある。漁業者による山への植林も各地で行われている。

瀬戸内地方では山や森の水が海に流れ込むまでに多くの障害物が築かれてきた。主要な川にはダム、広島県東部の芦田川には河口堰《ぜき》まである。流域下水道は土に触れない水を海に直接運ぶ。海岸線のさまざまな土木工作物は陸から海に直接あるいは伏流して出る水を阻んでいる。

海の栄養塩濃度を適度に保つと同時に、生きた水を流す手だてを考えたい。右肩上がりの時代に川や海岸に築かれた構造物の存在意義を再点検し、必要性が薄れていれば撤去や規模を縮小する。そんな引き算の公共事業に手を付けるべきである。

資源管理　生態系全体を視野に

ハイテク機器など「つい取り過ぎる」漁船装備の進歩はめざましい。資源を適切に管理しないと漁業は持続できにくい時代になった。

瀬戸内海西部で漁獲が激減した回遊魚のタチウオも典型例だろう。取材した二〇一九年初め頃、主要な産卵場がある豊予海峡で愛媛県の大型巻き網漁船が小型魚をごっそり取っていた。「資源が根こそぎになる」との批判をよそに鍋やキムチ用の需要がある韓国へ輸出されていた。

同県内の釣り漁業者が多い漁協組合長はタチウオ漁の一斉休業を唱えていた。国支援による休業補償を得ながら資源を増やそうという案だが、実現していない。その間にも同海峡付近のタチウオ漁獲はさらに減り、魚種転換を余儀なくされた釣り漁業者も出ている。

水産庁は漁獲数量枠を設ける資源管理の拡大に向け資源評価対象魚種を二〇二三年度までに増やす方針である。瀬戸内海でもカタクチイワシ、マダイなど数魚種が候補に挙がる。資源の枯渇が懸念されるタチウオこそ早急に評価、管理に踏み出すべきだろう。

瀬戸内海での資源管理の成功例としてサワラが挙げられる。水産庁と沿岸府県、漁業者が協力して二〇〇二年から網の目合拡大や秋季休漁に取り組んできた。内海東部を中心に漁獲は回復基調である。

一方で、個々のサワラの成長速度が鈍ったという漁業者の声がある。限られた餌を食い合う個体数の増加に加え、イカナゴなど餌自体が減った影響もありそうだ。播磨灘や大阪湾でのイカナゴの激減は、餌となる動物プランクトンが貧栄養の海で育ちにくくなったことが要因とされる。

タチウオ減少の要因についても、乱獲に加え餌不足を指摘する漁業者がいる。主要な餌の一つであるカタクチイワシを取る網漁に対し、「少しは残しておいてほしいが岸の近くまで網を入れる」との恨み節も耳にした。漁獲が安定しているカタクチイワシ漁のあまり語られないもう一つの側面かもしれない。

乱獲を防ぐための資源の管理は必要だが、餌が十分になければ単一魚種の増殖には限界があるだろう。まして瀬戸内海では近年、プランクトンを湧かせる栄養塩の濃度が下がり、二枚貝や甲殻類を育てる干潟の生産力の衰えも目立つ。二〇一七年夏以降の黒潮大蛇行で栄養塩濃度の低い海水が豊後水道から内海西部に流入した影響もあるだろう。

海の中のことは複雑系だが、食物連鎖の底辺となるプランクトンまで含む生態系全体を視野に入れるのが究極的な資源管理だろう。早く成果が出やすい分野だけでなく、基礎的かつ総合的な調査研究を進める必要があるのではないか。

暖海化 総合的な調査で影響探れ

海域や年次で差はあるが、瀬戸内海の水温は三〇年余りでおおむね一～二度上がっている。この上昇幅は海の生き物にとってはかなり大きな変化であり、特に冬場の水温上昇の影響が目立っている。

瀬戸内海での漁獲量が激減したアナゴは、沖ノ鳥島の南方海域で産卵、ふ化した仔魚《しぎょ》が冬場に黒潮に乗って北上して来る。水温一六度以下が接岸の必要条件とされ、瀬戸内海の入り口の水温上昇で来遊が減ったのではないかと研究者はみる。

広島湾でもノレソレと呼ばれる半透明の仔魚が以前はしらす網に多く入ったが、今は「たまに交じる」程度に。泥場の海底ではアナゴがいた隙間を埋める勢いで暖海を好むハモが増えた。周防灘の底引き網漁師は「以前はアナゴが多かったが、今はハモばかり上がる」と言う。

表層水温が三〇度近くまで上がるようになった真夏には、さすがのハモもはえ縄や網で上げる途中に死ぬ。この時期、以前はウマヅラハギの稚魚が流れ藻を揺りかごに育っていたが、「めっきり減った。暑さのせいか」と山口県上関町の年配漁師は気遣う。

ハゲと総称される魚でも、生育に適した水温が一五度~二〇度のウマズラハギは減少し、同二〇度~二五度のカワハギが増える傾向にある。冬場に表層近くでも一〇度を下回ることがめったになくなり、カワハギは瀬戸内海で越冬できるようになった模様だ。

西日本各地の河口の汽水域ではスジアオノリが育たなくなっていた。山口県岩国市の錦川では今（二〇二一年）から七~八年前、同県長門市の三隅川では三~四年前から採れなくなり、同県下関市豊北町の粟野川でも二〇二一年は採取できなかった。研究者によると胞子から育つには初冬に水温が二〇度以下になる必要があり、やはり水温上昇が原因のようだ。

以上の影響例は、まだ疑いが濃厚という段階である。水温の変化や資源量の増減についての調査やデータの蓄積を経ないと確定はできない。

冬場の水温上昇により海藻類を食べるアイゴやアサリ食害を招くナルトビエイが増え、夏場の高水温にイカナゴが弱いことは既に知られている。夏の強烈な日射が干潟の生き物にダメージを与えていることも予想できる。水温上昇が魚介類にどのような影響を及ぼしているのか、現状を把握する総合的な調査が必要ではなかろうか。

スジアオノリが特産である山口県漁協粟野支店の管理担当委員は「水温上昇が原因ならどうしようもない」と漏らす。効果的な対策を講じるのは難しいかもしれないが、大元をたどれば地球温暖化に行き着く。漁業者だけの問題ではないことを多くの人に知ってもらうことから始めるしかないのがもどかしい。

新規就業者の受け皿づくりを

「船の上におる人はどういうもんか元気よねぇ」。そう聞いた通り七〇代でばりばり仕事する何人もの漁師に出会った。八〇代の現役も珍しくなかった。機械化で力仕事が軽減されており、経験知が生かせる定年のない生業《なりわい》である。

一方で「夜明け前から海に出てこれだけか」と聞かされてきた子どもたちの多くは親の後を継がなかった。広島県三原市の「三原やっさタコ」、山口県萩市の「須佐男命《みこと》イカ」、島根県出雲市の「小伊津アマダイ」などのブランドを担う主力も六〇~七〇代である。漁業の将来像を描こうとすれば後継者づくりは避けて通れない。

ニューフィッシャーあるいはIターン漁師と呼ばれる人たちが各地にいる。広島県呉市の豊島では二〇一〇年代に一〇人が就業した。中古漁船を安く譲り受け、市の一時金や研修中の生活支援も得て滑り出しは順調だったが、当てにしていたタチウオ漁が三年前から極端な不振に陥った。それでもヒジキ刈りや潜水漁、レモン栽培などで減収を補い、二〇二一年五月時点で七人と家族が島暮らしを続ける。祭りや消防団活動に参加して地域に溶け込み、「海は宝の山のよう」「思うようにのんびり暮らせる」とタチウオがまた釣れるようになる日を待つ。漁業を継がなかった島の子どもたちとは違う価値観で動いているようだ。

山口県は全国に先駆け一九九八年から新規就業を支援してきた。ベテラン漁師の船で二年間の研修を経て就業後も三年間は支援金を受給できる。定着率は七五・八%。一本釣り希望が多いのに日本海のイカが不漁という厳しい現実もあるが、ニューフィッシャーは計三三〇人と漁業者の一割近くを占めるようになり、その中から地域のリーダーも育ってきた。

先輩漁師（左）と船上で語り合うニューフィッシャー（防府市向島）

同県防府市の向島でも七人が主に底引き網漁に携わり、ハモの漁獲は安定している。奈良県出身で四〇歳の元会社員は山口県漁協ホームページを見て短期研修した後、妻子と定住した。自営漁業は「取るも取れないも自己責任なのが魅力」と言う。

各地のニューフィッシャーに前の職場について尋ねると、「売上目標に追われていた」「長時間労働のブラック企業」「安定していたがやりがいが…」などの答えが返ってきた。山口県漁協の担当者は「オカも厳しい状況で、どうせならやりたい仕事をという人が増えている」とみる。その傾向はコロナ禍でさらに強まっているようだ。

一方の漁村の側。高齢化が進んでも外部人材の受け入れをためらう地域がまだ多い。何も手を打たなければ一〇年後、二〇年後は漁師町自体が空洞化しかねない。ここは漁業協同組合の出番だろう。沿岸漁業の後継者づくりに向け、行政とも連携して新規就業者の受け皿作りを急いでほしい。

匠の進化　「売る」「育てて取る」領域へ

漁師の「師」とは優れた技能を持つ「匠《たくみ》」のことだと思う。限りある資源と環境に向き合う沿岸漁業を持続させるためには、匠の領域を「売る」や「育てて取る」へと広げていく必要があるだろう。

底引き網によく乗るエビの市場価格が他産地よりなぜ安いのか。そんな疑問を抱いた岡山県笠岡市漁協北木島支所の漁師たちが量販店など流通先を調べた。水揚げして半日で変色するため多くは廃棄され、あるいは投げ売りされていた。

鮮度を維持させるため、エビの冷やし込み技術をみんなで学ぶ。買い物客が多い夕方にきれいな姿で店頭に並べると単価は上がった。次に網の目合を大きくして安値の小型エビを逃がす取り組みを議論の末に始めると、大型エビが増えた。

二〇一八年七月の西日本豪雨で大量の泥水が出てから漁獲は減ったが、「大きく育てて取る大切さはみんな分かっている」と藤井和平支所長（五一）。魚介類が育ちやすい環境をつくろうとアマモの種もまく。

山口県田布施町の水産加工グループ「新鮮田布施」（六家族）は、夫たちが漁獲した魚を妻たちがさばいて冷凍フライなどに加工する。市場に出しても値が付きにくい未利用魚などを活用し、衣が厚すぎないフライは町内の直売所で人気を集める。

ニューフィッシャーとベテラン漁師の夫婦たちが共同出資して二〇〇五年、漁港そばに加工場を建てた。その三年前に移住してきた浜田秀樹さん（四五）は「みんなが納得できるまで話し合ってから始めた」と振り返る。女性たちが力を発揮し、家族ごとの収益計算にしていることも長続きの要因という。

取れたて魚をフライ用に加工する新鮮田布施メンバー

山口県上関町室津の漁師グループ「Ｆｒｅｓｈ室津」（一二人）は魚価向上を目指して品質管理を徹底し、地場スーパーと直接取引する。店頭販売や試食イベントに参加し、サヨリフライやサザエバター焼きなどのレシピも自分たちで開発。消費者から質問を受け、サヨリのさばき方も店頭で指導した。

グループの代表は若手の小浜一也さん（四一）。「若い者が引っ張る方が長く続くからと周囲にもり立ててもらっている」と明かす。

三つの実践例の背景には共通点がある。年配者が若手に知識や技術を教え、みんなで話し合って物事を決めていく風通しの良さである。笠岡市漁協北木島支所では三〇代以下が組合員の二割以上を占め、他の二カ所ではニューフィッシャーが定着しているのも偶然ではないだろう。独立独歩的な生業《なりわい》の良さも生かしながら協業の取り組みが根付こうとしている。

七〇年ぶりの漁業法改正（二〇二〇年一二月施行）では、漁業者が寄り集まる漁業協同組合へ優先付与してきた漁業権を企業に開放しようという意図が透けて見える。しかし、沿岸漁業を支えながら漁村経済を回して行く拠点となるのはやはり漁協しかない。競争原理だけではなく、協同組合運動の基本となる民主的な参画が「匠の進化」の呼び水となり、未来を切り開くことを期待したい。

あとがき

農民のよりどころが土地所有であるのに対し、海の民は昔から縄張りを意識しながら動いてきた（歴史学者の網野善彦氏）といわれる。縄張りの境界にはあいまいな部分が付きまとう。他の海域に移動しても、入漁手形的な能地の浮鯛抄（第四章）や豊島のタチウオ釣り伝授（第二章）などのように相応のあいさつをすれば魚を取ることができた。

波を枕に船中に寝泊まりしながら漁をしてきた人たちは今、ごく少数になった。乱獲を招くほどに漁船のエンジンは強力になり、装備のハイテク化が進んだ。それでも、海上を自在に行き来しながら体で会得した感覚を駆使して魚を追い、上下の隔たりがない海の民の気風はまだ生きている。今回の取材を通じての実感である。

乗船取材によるルポが出来たのも、狙いを話せば快く受け入れてくれたそんな気風の人たちのおかげである。乗せてもらった漁師さんから「言うとったで」と次の人を紹介してもらい、さらにまた次の人につながるような人の縁に恵まれた。

海の様子が変わり、魚が取れなくなった。どうすればいいのか自分たちにも分からない。そんな焦燥感も手伝って取材協力してもらったケースも少なくなかったのではなかろうか。

地魚を食卓に届けてくれる沿岸漁業がこの先、細りながらでも持続できるためには何が必要なのか。それを考える上でのヒントを、このルポ集が少しでも提供できていれば望外の喜びである。

各地の漁業協同組合や水産市場そして行政や研究機関の皆さん方にも大変お世話になった。記事への疑問など新聞連載中に寄せられた意見も参考にさせていただいた。

前作の「維新の残り火・近代の原風景」に続き、今回も弦書房の小野静男社長に構成段階から貴重なアドバイスをいただき、書籍化にこぎ着けることができた。

ご協力やご教示いただいた多くの方々に心より感謝申し上げたい。

二〇二一年七月

山城　滋

主要参考資料

第一章

〈カタクチイワシ〉

水産庁瀬戸内海区水産研究所「平成三〇年度カタクチイワシ瀬戸内海系群の資源評価」

河野悌昌、銭谷弘「一九八〇～二〇〇五年の瀬戸内海におけるカタクチイワシの産卵量分布」『日本水産学会誌』二〇〇八年第四号

『大竹市史本編第一巻』、一九六一年

神田三亀男「広島の小イワシ考」『ひろしま食文化考』広島地域文化研究所、二〇一一年

川上清「小鰯」『箱庭の海』二〇〇六年

〈サワラ〉

水産庁瀬戸内海区水産研究所「平成三〇年度サワラ瀬戸内海系群の資源評価」

水産庁西海区水産研究所「平成三〇年度サワラ東シナ海系群の資源評価」

石田実「瀬戸内海のサワラ資源回復への取り組み」『都市と農村を結ぶ』二〇一八年一〇月号

〈クロマグロ〉

水産庁「太平洋クロマグロの資源管理について」、二〇一九年

国際水産資源研究所くろまぐろ生物グループ田中庸介グループ長インタビュー「クロマグロに第三の産卵場」『責任あるまぐろ漁業推進機構ニュースレター№97』、二〇一九年

〈カワハギ〉

水野かおり、三浦智恵美、三浦猛「カワハギおよびウマヅラハギの成長と水温の関係」『水産増殖』二〇一四年

第二章

〈タチウオ〉

大分県「大分県タチウオ資源回復計画」、二〇〇九年

大分県水産研究部・内海訓弘「タチウオ資源回復計画推進に関する研究」、二〇一六年度

みなと新聞連載記事「激減するタチウオ」上中下、二〇一六年一一月

金柄徹『家船の民族誌―現代日本に生きる海の民』東京大学出版会、二〇〇三年

〈トラフグ〉

水産庁瀬戸内海区水産研究所「平成三〇年度トラフグ日本海・東シナ海・瀬戸内海系群の資源評価」

松浦勉『トラフグ物語―生産・流通・消費の構造変化』

農林統計協会、二〇一七年
〈マダコ〉
平川敬治『タコと日本人』弦書房、二〇一二年
刀禰勇太郎『蛸（ものと人間の文化史）』法政大学出版局、一九九四年
〈マダイ〉
水産庁瀬戸内海区水産研究所「平成三〇年度マダイ瀬戸内海中・西部系群の資源評価」
第三章
〈アナゴ〉
黒木洋明、望岡典隆、岡崎誠、高橋正知ほか「九州パラオ海嶺海域におけるマアナゴ産卵場の発見」『日本水産学会誌』二〇一三年第四号
黒木洋明「マアナゴの産卵場と仔魚の接岸回遊機構」『月刊海洋』二〇一九年一月号
望岡典隆、片山知史、黒木洋明、東海正「シンポジウム記録・マアナゴ生活史研究の最前線と資源管理」『日本水産学会誌』二〇一九年第一号
池脇義弘「徳島県沿岸における低水温期水温とマアナゴ漁獲量の関係について」『徳島県水産研究所研究報告』、二〇〇八年三月
家戸敬太郎「激減するマアナゴを陸上養殖で増産」『月刊海洋』二〇一九年六月号
第七回瀬戸内海水産フォーラム「瀬戸内海の穴子と鱧を考える」講演要旨集、二〇一七年
〈ハモ〉
山口県水産研究センター内海研究部「ハモの生態と漁業」、二〇一九年
〈イカナゴ〉
水産庁瀬戸内海区水産研究所「平成二九年度イカナゴ瀬戸内海東部系群の資源評価」
西川哲也「播磨灘における海洋環境と植物プランクトンの長期変動解析」『沿岸海洋研究第五六巻第二号』、二〇一九年
赤井紀子、内海範子「瀬戸内海産イカナゴの死亡と再生産に及ぼす夏眠期における高水温飼育の影響」『日本水産学会誌』二〇一二年第三号
〈ケンサキイカ〉
水産庁西海区水産研究所「令和元年度ケンサキイカ日本海・東シナ海系群の資源評価」
第四章
〈コウイカ〉

進藤松司『瀬戸内海西部の漁と暮らし』平凡社、一九九四年

〈浮き鯛〉
河岡武春「浮鯛抄」『家船民俗資料緊急調査報告書』一九七〇年
牛尾三千夫「信仰一　浮鯛と浮幣社」同

第一章〜第五章
宮本常一「生業と生産」『家船民俗資料緊急調査報告書』一九七〇年
浜田英嗣『生鮮水産物の流通と産地戦略』成山堂書店、二〇一一年
鷲尾圭司「里海資源の商品化と環境適応型漁業」『里海の自然と生活：海・湖資源の過去・現在・未来』みずのわ出版、二〇一一年
駒井克昭、日比野忠史、大釜達夫「黒潮の蛇行・直進が瀬戸内海の流れに及ぼす影響」『土木学会論文集B』、二〇〇八年
中国新聞取材班『海からの伝言—新せとうち学』中国新聞社、一九九八年

装丁＝毛利一枝
〈カバー表・写真〉
大型定置網を巻き上げる二隻の漁船
〈カバー裏・写真〉
上＝挟み取られたカキいかだ下のハゲ（カワハギ）
下右＝春の風物詩になっている青ノリ干し
下左＝天然マダイの競り
〈本扉・写真〉
広島湾で取れた「小イワシ」の初水揚げ
（写真はすべて著者撮影）

著者略歴

山城 滋（やましろ・しげる）

一九五二年、山口県生まれ。中国新聞社の本社（広島）と支社局で自治、農山村、漁業などの問題を追う。防長本社代表、編集局長、備後本社代表を経て二〇一七年から特別編集委員。著書に『維新の残り火・近代の原風景』（弦書房、二〇二〇年）、共著に『海からの伝言―新せとうち学』（中国新聞社、一九九八年）、『自治鳴動』（ぎょうせい、二〇〇三年）、『ムラは問う』（農文協、二〇〇七年）。

地魚《じざかな》は今——ルポ 漁《りょう》

二〇二一年九月三〇日発行

著 者 山城 滋

発行者 小野静男

発行所 株式会社 弦書房

（〒810・0041）

福岡市中央区大名二―二―四三

ELK大名ビル三〇一

電 話 〇九二・七二六・九八八五

FAX 〇九二・七二六・九八八六

組版・製作 合同会社キヅキブックス

印刷・製本 シナノ書籍印刷株式会社

落丁・乱丁の本はお取り替えします。

ISBN978-4-86329-232-1 C0036